献给我见过的最棒的"侦察兵"——卢克

为什么有些人能看清真相，
而有些人不能？

侦察兵思维

著 / 朱莉娅·加利夫（Julia Galef） 译 / 葛珊

中信出版集团 | 北京

图书在版编目（CIP）数据

侦察兵思维：为什么有些人能看清真相，而有些人不能？/（美）朱莉娅·加利夫著；葛珊译. -- 北京：中信出版社，2023.10

书名原文：The Scout Mindset: Why Some People See Things Clearly And Others Don't

ISBN 978-7-5217-5064-5

Ⅰ.①侦… Ⅱ.①朱… ②葛… Ⅲ.①心理学—通俗读物 Ⅳ.① B84-49

中国国家版本馆 CIP 数据核字（2023）第 111774 号

The Scout Mindset: Why Some People See Things Clearly And Others Don't by Julia Galef
Copyright © 2021 by Julia Galef
All rights reserved including the right of reproduction in whole or in part in any form
This edition published by arrangement with the Portfolio, an imprint of Penguin Publishing Group, a division of Penguin Random House LLC.
Simplified Chinese translation copyright © 2023 by CITIC Press Corporation
ALL RIGHTS RESERVED
本书仅限中国大陆地区发行销售

侦察兵思维——为什么有些人能看清真相，而有些人不能？
著者：　　　［美］朱莉娅·加利夫
译者：　　　葛珊
出版发行：中信出版集团股份有限公司
　　　　（北京市朝阳区东三环北路 27 号嘉铭中心　邮编　100020）
承印者：　　嘉业印刷（天津）有限公司

开本：880mm×1230mm 1/32　　印张：9.75　　字数：266 千字
版次：2023 年 10 月第 1 版　　印次：2023 年 10 月第 1 次印刷
京权图字：01-2023-1551　　　　书号：ISBN 978-7-5217-5064-5
定价：59.00 元

版权所有·侵权必究
如有印刷、装订问题，本公司负责调换。
服务热线：400-600-8099
投稿邮箱：author@citicpub.com

目 录

推荐序　我不在乎输赢，我只是认真 / 李万中　...III
前　言　...VII

第一部分　探寻真相，培养侦察兵思维

第 1 章　两种思维模式　...003

第 2 章　动机性推理在保护什么　...017

第 3 章　为什么真相远比我们想象的更重要　...031

第二部分　增强自我意识

第 4 章　侦察兵的标志　...047

第 5 章　发现自己的偏见　...065

第 6 章　你有多确定　...081

第三部分　抛弃幻想，不断进步

第 7 章　应对现实　...099

第 8 章　励志向前，但不自欺欺人　...113

第 9 章　发挥影响力，但不过度自信　...129

第四部分　改变看法

　　第 10 章　如何对待错误　...145

　　第 11 章　允许自己产生困惑　...159

　　第 12 章　学会倾听不同的声音　...179

第五部分　对身份认同的再思考

　　第 13 章　我们的观点如何转变成身份认同　...197

　　第 14 章　理智看待自己的身份　...213

　　第 15 章　侦察兵的身份认同　...231

　　结　语　...249

　　致　谢　...253

　　附录 A　斯波克的预测　...257

　　附录 B　校准练习答案　...263

　　注　释　...267

推荐序
我不在乎输赢，我只是认真

李万中

《思想实验》《逻辑女孩》作者

我与这本书的作者朱莉娅·加利夫是同行。我们都致力于帮助大家学会理性思考，做出明智的判断和决策。多年的从业经验又让我们面临同样的困惑：为什么人们在学会了逻辑学、统计学、经济学，以及认知科学相关的知识之后，依然不会理性思考呢？

对于这一困惑，我们给出了同样的答案：在绝大多数情况下，理性思考的心态比理性思考的能力更加重要。换言之，态度比知识更重要，习惯比技能更重要。

对于"理性思考的心态"，不同的人给出了不同的名字：亚里士多德称之为"认知德性"；杜威称之为"反思性的思维态度"；一些科学家则干脆把它叫作"科学精神"。在这么多不同的名字当中，我最喜欢的是加利夫取的名字——侦察兵思维。

士兵的目标是战胜敌人，保卫阵地。而侦察兵的目标则是观察地形，收集情报，绘制地图。

因此，士兵求胜，侦察兵求真。

为了求胜，许多人会不择手段，哪怕是自欺欺人，也要战胜对手，绝不能认错和认输。

为了求真，必须选择恰当的方法。即便真相不利于自己，事实会证伪自己根深蒂固的信念，也要跟随证据的指引。哪怕是认错和认输，也要求真。

侦察兵的口号是：我不在乎输赢，我只是认真。

许多人也喜欢喊这句口号。但是，他们并不是合格的侦察兵。因为他们只在认真能帮他们取胜时，他们才认真。当认真就会输的时候，他们就拒绝认真。

合格的侦察兵，哪怕是在认真就会输的情况下，也会认真。合格的侦察兵，绝不会自欺欺人。当他们发现，原来自己并没有自己想象中那么勤奋、善良、正直、聪明时，他们会毫不犹豫地承认自己的局限和弱点。

合格的侦察兵也是自信的，但这种自信并不源于过度的自我包装，而是源于贝叶斯思维者对于"信念更新方法"的自信。贝叶斯思维是指，不断根据证据的指引，调整自己对于某一个命题的可信度的赋值。而且，在绝大多数情况下，不赋 0 和 1 这两个值，也就是说，不认为某个命题绝对不可信或绝对可信。调整过程需要遵循贝叶斯公式，不能调得太高或太低。

在某些情况下，人人都是合格的侦察兵。比如，在计算数学题的时候。但在某些情况下，只有那些身经百战的人，才能表现出侦察兵思维。比如，在思考那些会严重影响自己的自我评价和社会评价的信念时。

让我们来做一个思想实验。假设张三坚定地相信美国人没有登月。他认为，与登月相关的影像都是在摄影棚里伪造的。美国人之所以伪造登月，就是为了拖垮苏联的经济。并且，张三身边还有一大群持有同样想法的朋友。他们会定期聚会，讨论各种各样的阴谋论。在这群人当中，张三有着颇高的威望，因为他搜集的资料格外全面，说话也头头是道，颇有雄辩家的风采。

张三是一位士兵思维者，还是一位侦察兵思维者呢？

还不确定。让我们继续这个思想实验。假设有一天，张三发现了更多的信息，意识到原来美国人真的登月了，自己这么多年来都搞错了，而且自己的那些朋友也都搞错了。此时，张三会怎么做呢？

如果张三是一个士兵思维者，他一定会说那些信息是不可信的。他会说那些信息都是编造的。相信那些信息的人，不是受到了蒙蔽，就是别有用心。既然那些非蠢即坏的人都认为美国人登月了，那这就更说明美国人没有登月。

可想而知，作为士兵思维者，张三在获得更多、更全面的信息之后，其登月阴谋论思想不仅没有减弱，反而加强了。

如果张三是一个侦察兵，他会感到非常难受。他会觉得懊悔和痛苦，毕竟自己这么多年的心血都白费了。自己一直试图说服他人美国人登月是假的，试图唤醒执迷不悟的大众，结果没想到原来一直都是自己搞错了。

不过，即便非常痛苦，甚至预想到那些老朋友都会指责自己，张三也会认错。为了求真，他愿意放下面子，放弃那些老朋友对自己的喜爱和尊敬，毅然决然地承认自己的错误。

比起肉身死亡，人类更惧怕社会性死亡。很多时候，一旦你承认自己错了，承认那些和自己并肩奋战多年的战友也搞错了，那么你在他们这个圈子当中就算是社会性死亡了。

侦察兵思维者，不惧怕社会性死亡。这是因为，侦察兵思维者会把其他侦察兵思维者当作队友，不把士兵思维者当作队友。在侦察兵思维者看来，认错并不可耻，输并不可耻，可耻的是拒绝认清事实真相，拒绝承认错误。

朋友，你想要当一辈子的士兵，捍卫某个能给你带来归属感和荣誉感的信念、观点、身份认同或意识形态，还是和我们一起，抛弃对输赢的执着，为了认清事实真相而努力呢？

2023 年 6 月于北京

前　言

谈及判断力强的人，你会想到什么特质？也许你会想到智慧、聪明、勇气或耐心。这些特质确实令人钦佩，但我们却忽略了一个更重要的特质，这个特质到现在都还没有一个正式名称。

我管它叫侦察兵思维，即能够不受主观意愿影响，实事求是地看待事物本身。

侦察兵思维能让你认识到自己的错误，进而找出盲点，验证各种假设并及时做出调整。它会促使你诚实地问自己这样的问题："我在那场辩论中犯错了吗？""这个风险值得吗？""如果来自另一个政党的人做了同样的事，我会如何反应？"正如已故物理学家理查德·费曼说的那样："首要原则是我们一定不能糊弄自己，而我们又最容易自欺欺人。"

自 21 世纪以来，我们自欺欺人的本领一直是一个热门话题。大众媒体和畅销书，如《如何发现并非如此》(How We Know What Isn't So)、《怪诞行为学》、《为什么人们相信怪事》(Why People Believe Weird Things)、《错不在我》[Mistakes Were Made (But Not by Me)]、《你没那么聪明》(You Are Not So Smart)、《否认主义》(Denialism)、《人人都是伪君子》[Why Everyone (Else) Is a Hypocrite]，以及《思考，快与慢》都描绘了一幅令人不快的画面——人类大脑天生就善于自欺欺人。我们总为自己的缺陷和错误找理由。我们沉迷于一厢情愿，精心挑选有利证据来支撑自己的偏见和政治倾向。

这幅画面描绘的内容没有错，但它忽略了一样东西。

是的，我们经常为自己的错误辩解，但有时我们也会承认错误。有时我们应该改变看法却没有那么做，但有时当我们无力改变看法时，我们却做到了。人类是复杂的生物，有时会学鸵鸟把头埋在沙子里，有时则会选择直面真相。本书将探索已有研究较少触及的一面，即向读者展示那些不自欺欺人的案例，进而探究这些成功案例带给我们的启示。

这本书的创作始于 2009 年，当时我从研究生院退学，全身心投入一项自己热爱的工作，并由此开启了新的职业生涯：帮助人们分析解决个人生活和职业生涯中遇到的难题。起初，我认为这项工作需要教会人们概率、逻辑和认知偏见等知识，并向他们展示如何将这些学科应用于日常生活。但是，经过几年的工作坊培训、文献阅读、咨询服务和调查采访，我渐渐明白，学会推理并非我想象的那样能够包治百病。

知道自己应该锻炼并不意味着健康状况就会自动改善，同理，知道假设需要验证并不代表判断力就会自动提升。如果你并非心甘情愿地承认自己思维中的偏见和谬误，就算你能脱口而出这些偏见和谬误，也无济于事。制约我们判断力的不是知识，而是态度，这点已经得到研究人员的证实，也是我学到的最重要的观点，接下来本书将会对此进行深入探讨。

当然，我并不是说自己就是侦察兵思维的完美典范。我也会为自己的错误找借口，也会回避思考问题，对于质疑更会奋力反击。在撰写本书的过程中，我不止一次意识到有的采访实在是浪费时间，因为我一直试图让受访者相信我的观点，而不是尝试去理解他们的观点（讽刺的是，我的采访主题是思想开明，而我自己却思想封闭）。

但现在的我比以前好多了，你也可以比原来更好，这就是本书的目的。我认为可以从以下三个方面培养侦察兵思维能力。

第一，深刻认识到真相与其他目标并不冲突。

许多人强烈反对客观地看待现实，因为他们认为追求客观会阻碍自己实现目标。在他们看来，要想获得快乐、成功和影响力，最好通过扭曲的镜头来看待自己和世界。

我写这本书的部分原因就是要纠正这一观点。关于自欺欺人有很多说法，有些说法甚至得到权威科学家的推崇。例如，许多文章和图书都提到，"研究表明"自欺欺人有利于心理健康，客观地看待世界只会导致抑郁。你可能也看到过类似的表述。本书

第 7 章将审视这些说法背后的理据，揭示心理学家如何夸大积极思考的益处来自欺欺人。

或许你也认为完成一项艰巨的任务，比如创办一家公司，需要盲目自信。但让你惊讶的是，一些全球著名企业家都曾预计自己的公司可能倒闭。亚马逊创始人杰夫·贝佐斯认为亚马逊的成功概率约为 30%。埃隆·马斯克评估自己的两家公司——特斯拉和太空探索技术公司（SpaceX）的成功概率仅为 10%。第 8 章将探讨他们评估的依据以及认清困难的重要性。

另外，你也可能和大家一样会这么想："如果你是一名科学家或法官，客观当然是件好事。但如果你是一名试图改变世界的活动家，你不需要客观——你需要的是激情。"事实上，在本书第 14 章，我们会看到侦察兵思维与激情相辅相成。在这章中我们将了解到，20 世纪 90 年代艾滋病泛滥时期，侦察兵思维如何发挥至关重要的作用，成功帮助艾滋病活动家阻止了艾滋病的流行。

第二，掌握一些能帮助我们看清真相的技巧。

本书介绍了一些具体技巧，帮助我们更好地掌握侦察兵思维模式。例如，如何判断自己的推理是否公正？这可不仅仅是问自己"我存有偏见吗？"。在第 5 章中，我们将进行一些思维实验，如局外人测试、选择性怀疑测试和观点一致性测试，以检验我们能否对自己的认知和需求进行合理分析。

此外，如何判断自己对某一特定事物的确信程度？在第 6 章中，我们将练习一些内省技巧，这些技巧能帮助我们在

0~100%之间定位自己的确信等级,同时让我们体验到提出自己并不真正相信的主张是何种感觉。

你是否曾尝试倾听问题的"另一面",却因此感到沮丧或愤怒?那可能是因为你走错了方向。本书第12章将分享一些方法,让倾听不同的声音变得更简单。

第三,拥抱侦察兵思维带来的情感回报。

具体的技巧很重要,但我还是希望能提供更多的东西。充满变数和失望的现实可能让人沮丧,但仔细阅读本书后,你会发现书中的"侦察兵们"(在侦察兵思维的某些方面表现出色的人,尽管他们也不完美)似乎很少感到沮丧。大多数情况下,他们都很冷静、开朗、快乐并且果断。

这是因为侦察兵思维会带来情感上的回报,尽管表面上可能看不出。能够抵制自欺欺人的诱惑并且面对令人不快的现实,这让人精神振奋;了解风险并坦然接受所面临的困难,这让人内心平静;任凭证据带着我们自由自在地探索各种想法,不受"应该如何思考"的限制,这让人感到前所未有的轻松。

只有欣然接受这些情感回报,才能形成侦察兵思维模式。为此,在写作本书时,我举了一些自己最喜欢的侦察兵思维案例,这些案例鼓舞人心,多年来一直帮助我和其他人逐步培养侦察兵思维。

本书将带领大家遨游科学、商业、行动主义、政治、体育、加密货币和生存主义的世界。我们将初步了解文化战争、妈咪战争和概率战争。在此过程中,我们将解开一系列谜题,例如,为什么查尔斯·达尔文看到孔雀的尾巴会想吐？是什么让专业的气候变化怀疑论者改变了立场？为什么一些盲目崇拜的受害者，如传销受害者，能够想方设法让自己脱身，而另一些受害者却深陷其中，不可自拔？

本书并非批评大家不理性，也无意对"正确"思考进行说教。本书的目的在于为大家提供一种不同的方式来体验自身的存在。这种方式源于对真理的渴求，既实用又让人成就感爆棚。但是，令人遗憾的是，这种方式并未引起太多重视，因此我迫不及待地想和大家分享。

第一部分

探寻真相,
培养侦察兵思维

第 1 章

两种思维模式

1894 年,德国驻法国大使馆的一名清洁女工在一个废纸篓里发现了一张被撕碎的纸条,由此引发的事件让整个法国陷入一片混乱。这名清洁女工是法国间谍。[1] 她很快将纸条送到了法国军队高级官员手中,高官们读了纸条上的信息后极为震惊,意识到他们当中某个军官一直在向德国出卖高级军事机密。

纸条没有签名,但一位名叫阿尔弗雷德·德雷福斯的军官很快成为怀疑对象。能够接触到纸条中敏感信息的高级军官并不多,德雷福斯是其中之一。他是法国总参谋部唯一的犹太人,在同僚眼中是冷酷、傲慢、自负之人,因而不太招人喜欢。

调查过程中,不利于德雷福斯的证据越来越多。有人声称看到德雷福斯在某处逗留，打探消息。还有人声称听到德雷福斯赞美德意志帝国。[2] 有人曾看到德雷福斯出入赌博场所。此外，身为已婚人士，他还包养情妇。以上种种迹象表明德雷福斯不可信赖。

法国军官们越来越确信德雷福斯是间谍，于是设法获取了他的字迹样本，与纸条字迹进行比对。吻合！嗯，至少看起来字迹相似。虽然某些地方不太吻合，但字迹如此相似肯定不是巧合。为了进一步确认，调查人员把纸条和德雷福斯的字迹样本送交给两位专家进行鉴定。

一号专家鉴定结果是吻合，军官们的怀疑得到了验证。然而，二号专家却不那么肯定。他告诉调查人员，这两份字迹很有可能出自不同人之手。

两位专家给出了两种不同的鉴定结果，这可不是军官们想要的答案。于是他们想起了二号专家在法国银行工作。金融界是犹太人的天下，他们有权有势，而德雷福斯是犹太人，所以二号专家的证词不足为信。军官们认定德雷福斯就是他们要找的间谍。

德雷福斯坚称自己无辜，但无济于事，他还是被捕了。1894年12月22日，军事法庭判定他犯有叛国罪，判他终身单独监禁，要关进魔鬼岛监狱。名副其实的魔鬼岛远在大西洋彼岸，是法属圭亚那附近的小岛，曾是麻风病人隔离地。

听到判决后，德雷福斯无比震惊。被拖回监狱后，他一度想自杀，但最终放弃了，因为自杀意味着自己有罪。

临行前举行了革除军职仪式——当众摘除德雷福斯的军徽，这一事件后来被称为"德雷福斯蒙冤受屈"。就在一名陆军上尉撕下德雷福斯制服上的纹饰时，一位军官开了一个反犹太人的玩笑："记住，他是犹太人。他可能正在计算那条金穗带值多少钱。"

德雷福斯被游街示众。面对记者、曾经的同僚和围观群众，他大喊："我是无辜的！"回应他的只有一声声辱骂："犹太人去死吧！"到了魔鬼岛，他被关在一间小石屋里，除了警卫，看不到任何人，警卫也从不跟他说话。晚上，他被铐在床上睡觉。白天，他一封接一封地写信请求政府重新审理他的案件。但在法国政府看来，案件业已结束。

"这可信吗"vs"这必须信吗"

看上去似乎有人故意陷害德雷福斯，但事实上逮捕德雷福斯的调查人员并没有蓄意构陷无辜之人。在他们看来，一切调查都基于客观证据，而所有证据都指向德雷福斯。[①]

但实际上调查人员的动机极大影响了他们的调查，尽管他们自认为调查很客观。首先，调查人员本来就不太信任德雷福斯，同时迫于压力需要尽快揪出间谍。其次，调查启动后，另

---

① 值得注意的是，德雷福斯案件的检察官暗地向法官提供了伪造信件，证明德雷福斯有罪，从而妨碍了司法公正。然而，历史学家并不认为逮捕德雷福斯的官员从一开始就有意陷害他，他们是在逐渐确信德雷福斯有罪后，才不遗余力通过卑鄙手段致其被定罪。

一个动机随之产生：他们必须证明自己是对的，否则有可能颜面尽失，甚至因此丢了工作。

这种调查在人类心理学被称为定向动机推理，或动机性推理，即人类的无意识动机会影响其最终结论。[3]关于动机性推理，心理学家托马斯·吉洛维奇的解释非常清楚。他说，若人们希望某件事为真，就会问自己"这可信吗"，并想方设法找理由去相信它。若人们不希望某件事为真，就会问自己，"这必须信吗"，并想方设法找理由不去相信它。[4]

刚开始调查德雷福斯时，调查人员透过"这能否成为罪证"这一视角来审视关于德雷福斯的各种谣言和间接证据。在这种"怀疑他有罪"的动机下，调查人员更容易轻信谣言和所谓的证据。

当二号专家告诉他们德雷福斯的字迹与纸条字迹不符时，调查人员问自己："这必须信吗？"并找到一个不予采信的理由：二号专家是犹太人，与调查方存在利益冲突。

为了搜寻罪证，警察甚至搜查了德雷福斯的家，但一无所获。于是他们问自己："还能相信德雷福斯有罪吗？"接着便为自己找了一个相信的理由："他可能在我们到达之前就已经销毁证据！"

就算我们从未听说过动机性推理这个术语，这种推理过程想必大家都非常熟悉。事实上，这种现象在我们周围很常见，只不过叫法不同，如矢口否认、一厢情愿、确认偏误、为自己找理由、同族意识、自我辩解、过度自信和自欺欺人。动机性推理是人类基本的思维方式，如此基础的东西似乎不应该有这么特殊的名称，让人听着奇怪，也许应该简单称之为推理。

这种推理现象随处可见，如人们对某些新闻故事津津乐道，因为这些故事支撑他们关于美国、资本主义或"如今的孩子"的观点，而对于那些不符合他们观点的故事，人们就会选择性忽略。再比如，当一段令人兴奋的新恋情出现危险信号时，我们会找各种理由视而不见，并理所当然地认为自己付出的情感更多；当同事把事情搞砸了，我们会说他能力不够，但当我们搞砸了事情，我们会说那是因为自己承受了太大的压力；当某一从政者触犯法律，如果他和我们不是同一政党，我们会说他代表的政党何其腐败，但如果他和我们属于同一政党，我们会说腐败的是这个人，而不是整个政党。

两千年前，叛离雅典的城邦相信自己可以推翻雅典统治者，希腊历史学家修昔底德这样描述这些城邦的动机性推理："（他们的）判断更多的是基于盲目的愿望，而不是合理的预测，因为人类的通病是……对于不想要的东西，会用充足的理由加以拒绝。"[5] 修昔底德的这段论述是迄今为止我发现的关于动机性推理最早的论述。但我毫不怀疑，在此之前的数千年里，人类就一直被彼此的动机性推理激怒或逗乐。如果我们旧石器时代的祖先已经掌握书面语言，他们也许会在拉斯科洞穴的墙壁上潦草地刻下这么一句吐槽："巴珊王噩一定是疯了，他觉得自己是最佳猛犸象猎手。"

动机性推理犹如防御作战

动机性推理很难对付，原因是发现他人的动机性推理很容易，发现自己的动机性推理却很难。当我们推理时，总认为自己在客观、公正、冷静地分析事实。

其实，在这种自我意识的表象下，我们很像保护阵地的士兵，在面对威胁性的证据时奋起捍卫自己的观点。事实上，将推理比作防御作战在英语中非常常见，只要谈到推理，我们使用的语言通常都是军事用语。[6]

谈到信仰，我们总乐意将其比作军事阵地，甚至比作抵御攻击的碉堡。我们会用"根深蒂固"、"有理有据"、"基于事实"和"论据充分"等词语来描述信仰。我们会说，信仰建立在坚实的基础之上；我们持有坚定的信念或对自己的信仰坚定不移，还会说对某事的观点不可动摇。

此外，我们的论证不是为了攻击就是为了防守。一不小心，可能就会有人戳穿我们的逻辑漏洞或驳斥我们的想法。我们的观点可能会受到强有力的反驳。我们的立场也可能会受到挑战、破坏、削弱甚至推翻。因此，我们需要寻找证据来支持或加固自己的立场。久而久之，我们的观点得到强化和巩固。我们的信仰变得根深蒂固，就像躲在战壕里的士兵，不再被敌人击中。

如果我们改变想法会怎样？那就是投降。对于不可逃避的事实，我们可能会承认、同意或接纳它，让它进入我们的战壕。当意识到自己的立场站不住脚时，我们可能会放弃它，或者承认对方某方面正确，就像在战斗中放弃阵地一样。①

在接下来的几章中，我们将进一步了解动机性推理，我称之为士兵思维。我们将了解动机性推理的成因以及它对我们是有益还是有害的。但我们还是先看看可怜的德雷福斯最后怎样了。随着一个人物的出现，德雷福斯的命运出现了转机。

皮卡尔重审德雷福斯间谍案

先来认识一下乔治·皮卡尔上校。从外表看，他非常普通，绝非兴风作浪之辈。

1854年，皮卡尔出生于法国斯特拉斯堡市的一个政府官员和军人家庭，年纪轻轻就在法国军中崭露头角。和大多数同胞一样，他爱国，信奉天主教，也同样反对犹太人，但没有那么极端。他是文雅之人，认为针对犹太人的宣传，比如法国民族主义报纸上刊登的长篇大论，品味过于低俗。但由于在反犹太主义的环境中长大，他从小就对犹太人持本能的轻蔑态度。

因此，当1894年皮卡尔得知法国总参谋部唯一的犹太裔军官是间谍时，他丝毫不怀疑。审判过程中，德雷福斯自称清

---

① 即使是那些似于与防御作战的隐喻没有任何联系的词语，当你深入探究它们的起源时，也往往会发现这种联系。例如，反驳（rebut）一个观点就是要力证其不符合事实，而"反驳"这个词的最初含义是击退进攻。我们一定听说过"坚定的信徒"（staunch believer），"staunch"的原义是指一堵坚固的墙。我们可能还听听说过"抱有坚定的信念"（adamant in their heliefs），"adamant"作名词时意为神话般坚不可摧的石头。

白,皮卡尔仔细观察他,认为他在演戏。在革除德雷福斯军职的仪式上,当德雷福斯的军徽被摘除时,正是皮卡尔开了那个反犹太人的玩笑("记住,他是犹太人。他可能正在计算那条金穗带值多少钱")。

德雷福斯被押往魔鬼岛后不久,皮卡尔上校得到提拔,继任反间谍处处长,该部门之前一直负责调查德雷福斯案件。上任后,皮卡尔受命继续收集对德雷福斯不利的证据,以防定罪受到他人质疑。皮卡尔开始搜寻证据,但一无所获。

不过,很快就有一件更紧急的事情需要皮卡尔去处理——间谍再次出现。送给德国人的碎纸条不断被截获。这一次,罪犯似乎是一位名叫费迪南德·沃尔辛·埃斯特拉齐的法国军官。埃斯特拉齐酗酒、嗜赌,负债累累,因此有足够的动机向德国出卖情报。

皮卡尔在研究埃斯特拉齐写的纸条时,一个细节引起了他的注意。埃斯特拉齐工整的斜体字为何看起来如此熟悉……他想起了给德雷福斯定罪的那张纸条。难道这一切只是自己的假想?皮卡尔找到了那张纸条,将它和埃斯特拉齐的纸条放在一起比对。他的心跳到了嗓子眼——两个笔迹一模一样!

皮卡尔将埃斯特拉齐的纸条交给了军队内部的笔迹分析师,该分析师正是那位证实德雷福斯本人笔迹与德雷福斯案件中的纸条笔迹相符的一号专家。"是的,现在给我的这些纸条与德雷福斯案件中的纸条笔迹相符。"分析师说道。

"如果我告诉你这些纸条是最近写的呢?"皮卡尔问道。

分析师耸耸肩说，如果是那样，一定是犹太人训练了这个新间谍模仿德雷福斯的笔迹。皮卡尔认为这种推测不合理。他越来越担心，他们错判了这桩间谍案，让德雷福斯蒙受了不白之冤。

还有最后一丝希望：查证德雷福斯审判中用到的密封证据档案。同僚们对他说，只需看看那些证据就可以确定德雷福斯有罪。皮卡尔翻出了档案，仔细研读，但他再次感到失望。他发现这份所谓的铁证如山的定罪档案，除了猜测，没有任何确凿的证据。

同僚们如此想当然地推测，如此冷漠地将无辜之人送进监狱，皮卡尔感到义愤填膺。他继续追查，但遭到了军方的强烈阻挠甚至公然迫害。上级派他去执行一项危险任务，欲将其置于死地，但没有得逞，最后以泄露机密罪逮捕了他。

但经过十年监禁和多次审判，德雷福斯最终沉冤昭雪并恢复军籍。皮卡尔成功了。

德雷福斯复职后活了三十年。据家人回忆，德雷福斯从魔鬼岛回来后，健康大不如从前，但他对自己经历的磨难表现得很隐忍。真正的间谍埃斯特拉齐畏罪潜逃，最后因贫病交加而死。皮卡尔依旧受到军中仇敌的骚扰，直至1906年，法国总理乔治·克里孟梭任命他为陆军部长，以表彰他在"德雷福斯事件"中的突出贡献。

每当有人问皮卡尔为什么要冒着丢官、坐牢的风险，孜孜不倦地揭露真相，为德雷福斯平反昭雪时，他的回答总是简单的一句："因为这是我的职责。"

"这是真的吗"

德雷福斯事件使法国两极分化，震惊了全世界。这一事件中，皮卡尔上校让人难以置信地成为捍卫真相的英雄，他的心理是该事件最吸引我的地方。皮卡尔和其同事一样，有充分的理由相信德雷福斯有罪——他不信任犹太人，也不喜欢德雷福斯这个人。此外，他知道，一旦自己证明德雷福斯无罪，代价将无比巨大，那将引发军队巨大的丑闻，他本人的军官生涯也将遭受重创。但与他的同事不同的是，所有这些因素并没有阻挡皮卡尔探求真相的脚步。

皮卡尔基于证据，逐渐证明德雷福斯是无辜的，这种推理过程就是认知科学家所说的理性推理。前文提到，定向动机推理通过"这可信吗"与"这必须信吗"的视角来论证观点。与之相反，理性推理论证观点的视角是"这是真的吗"。

皮卡尔曾试图找到更多不利于德雷福斯的证据，但没有一个证据令人信服。在检查埃斯特拉齐写的纸条时，皮卡尔发现埃斯特拉齐的笔迹与让德雷福斯获罪的那张纸条笔迹相似。针对这一新发现，笔迹分析师的解释很随意："一定是犹太人训练了这个新间谍模仿德雷福斯的笔迹。"皮卡尔却无法接受这种草率的结论。于是他去查阅德雷福斯的审判档案，结果发现自己一直以为铁证如山的档案里根本就没有铁证。

如果把定向动机推理比作士兵"击退"不利于己方的证据，理性推理则像侦察兵勘察地形，绘制战略地图——下一座山那边有什么？河面上的是什么？是一座桥？还是我看走眼了？哪里有危险？哪里有捷径和机会？哪些方面我需要更多的信息？我的情报有多可靠？

侦察兵也并非毫无动机。他可能也想知道这条路是否安全，对方是否薄弱，部队过河的地方是否有一座桥。但比这些更重要的是，他要知道哪些东西确实存在，而不是自欺欺人地在地图上虚构一座桥。侦察兵思维意味着你绘制的"地图"要尽可能准确，这个地图就是你对自己、对世界的认知。

当然，侦察兵们都知道，任何地图都不可能完美地呈现现实，都或多或少有所简化。不断追求精准意味着不断意识到自己理解中的局限，进而发现地图中尤其粗略或可能出错的地方，同时还意味着我们要秉持开放的态度，随时根据新情况来调整自己的看法。在侦察兵思维中，没有任何事情能"威胁"我们已有的观点。如果发现自己错了，很好，那说明我们的认知地图有了改进，这对我们百利而无一害。

不同的思维模式决定我们的判断

生活充满了主观判断。对现实的认知越接近真头，我们的判断就越准确。

对于一些棘手问题，人们倾向于找理由维护自己的观点。侦察兵思维能帮助我们在这些棘手问题上不再自欺欺人，例如，身体出现这种状况，我要不要去检查一下？现在该止损了，还是再等等？我和爱人的关系会好转吗？我的爱人会改变要孩子的想法吗？

工作中的棘手问题包括：我真的必须解雇那个员工吗？明天的展示我需要做多少准备？公司现在必须筹集大量资金吗，还是我只是被筹集资金带来的即时效应诱惑了？产品迟迟不发布，真的是因为产品需要改进，还是我以产品需要改进为由推迟做出决定？

侦察兵思维会让我们质疑自己的假设并对制订的计划进行压力测试。不管是对新产品的性能提出建议，还是为军事演习出谋划策，都要问自己："最有可能失败的地方在哪里？"这有助于我们提前针对各种可能性完善自己的计划。比如医生，在确定最初的诊断之前要综合考虑其他诊断。就像经验丰富的临床医生在怀疑患者患有肺炎时，经常会问自己："如果不是肺炎，那还会是什么病？"[7]

有些工作看起来似乎不需要侦察兵思维，但仔细观察后你会发现，这些工作同样依赖侦察兵思维。大多数人认为律师就是为委托人辩护，因此律师的思维模式就像士兵思维模式，极力维护自己的观点。其实不然。律师在选择案件和准备辩护材料时，需要准确地了解案件的优势和劣势。高估自己这一方，会导致在法庭上因准备不足而措手不及。这就是为什么经验丰富的律师经常将追求客观和自我怀疑作为职业生涯中必须学习的最重要技能之一。正如一位著名律师所说："年轻的时候，你很想帮助委托人，于是不断告诉自己，'房间里真的没有大象，真的没有披着粉色缎带的灰大象……'"[8]

在人际交往中，我们认为自己的叙事或解读完全基于客观事实。实际上，你的抱怨——"爱人对我冷暴力"——在对方看来只是想"尊重爱人故而给他足够的空间"。你认为的"真实"可能会被解读成"鲁莽"。只有侦察兵思维才能让我们愿意考虑，甚至相信除了自己的解读还有其他合理的解读。

做拥抱真相的人，哪怕真相令人痛苦，只有这样别人才会对你敞开心扉。当然，你可能会让爱人告诉你，你们的关系到底出现了什么问题，或者你可能也会鼓励员工告诉你公司出了什么问题，但是如果你在听到真相后为自己开脱甚至与他们争辩，可能以后就很少能够听到真相了。谁愿意在说出真相后受到抨击呢？

士兵思维	侦察兵思维
推理犹如防御作战	推理犹如绘制地图
根据动机，通过自问"这可信吗"与"这必须信吗"来决定自己该相信什么	通过自问"这是真的吗"来决定自己该相信什么
发现自己错了意味着失败	发现自己错了意味着修订地图
寻找证据来巩固和捍卫自己的信念	寻找证据，使自己的地图更准确
相关概念：定向动机推理、为自己找理由、矢口否认、自欺欺人、一厢情愿	相关概念：理性推理、寻求真相、发现、客观性、理智诚实

两种思维模式中，不论是侦察兵还是士兵，都是理想中的人物。没有人能成为完美的侦察兵，也没有人会是纯粹的士兵。我们每天都因场景不同，在两种思维模式之间切换。

商人在工作中可能更像侦察兵——乐于验证自己的假设，

发现自己关于市场评估的错误……回家后就切换成士兵思维模式——不愿承认婚姻中的问题，也不认为自己会犯错。企业家会以侦察兵思维方式与朋友谈论自己的公司，讨论目前计划是否有错……第二天回到办公室后，当自己的计划受到合伙人质疑时，企业家又切换成士兵思维模式，本能地为自己的计划进行辩解。

我们都是侦察兵和士兵的混合体。但在某些情况下，有些人做得更好，成为更优秀的侦察兵。这些人和皮卡尔上校一样，更真诚地渴望真相，即使真相非其所愿。此外，他们不会接受任何想当然的论据。他们会主动走出舒适区，验证自己的理论，进而发现自己的错误。他们更容易意识到自己的地图可能与现实不符，因此更愿意改变自己的想法。本书将探讨这些侦察兵的哪些做法值得我们借鉴，以帮助我们更好地从士兵思维转换成侦察兵思维。

首先，我们要认真讨论什么是士兵思维。为什么我们默认的思维模式通常是士兵思维模式？士兵思维为何如此根深蒂固？换句话说，既然侦察兵思维这么好，为什么我们一直都不用？这就是下一章的主题——士兵思维在保护什么。

第 2 章

动机性推理在保护什么

我们要尽量遵守一条法则,即在建议改变某事之前,一定要了解其存在的原因。

这条法则被称为"切斯特顿栅栏"法则,由英国作家切斯特顿在其 1929 年写的一篇文章中提出。[1] 假设路上有一道栅栏,表面上我们看到它横跨道路,似乎毫无存在的理由。于是我们对自己说:"为什么要在这里建栅栏?看着多傻,而且毫无必要,把它拆掉吧。"但切斯特顿认为,如果不了解建造栅栏的原因,我们就无法确定是否可以拆除栅栏。

他说,长期存在的习俗或制度就像那些栅栏。面对栅栏,天真的改革家会说:"我看不出这有什么用,不如把它清除了吧。"深谋远虑的改革家则会说:"如果你不知道它的用途,我是不会让你清除它的。你先回去好好想想。等你明白它的用途后再来找我，我可能会让你清除它。"[2]

在这本书中，我提出了一种改革。我认为，在许多（如果不是全部）情况下，我们最好摒弃默认的士兵思维，学会向侦察兵思维转变。我想成为深谋远虑的改革家，而不是天真的改革家。如果不知道士兵思维存在的理由，就算我能提供强有力的论据来论证侦察兵思维的好处，这样的论证也是不完整的。因此，我们需要了解动机性推理是否在某些重要方面对我们有益，放弃动机性推理，我们会失去什么。

许多领域的专家以不同的方式探索了动机性推理，如心理学家、行为经济学家、演化心理学家和哲学家。目前已有大量文献研究了"动机性推理的作用"。在我看来，动机性推理主要有六大作用：自我安慰、提高自尊、保持士气、说服他人、树立形象和找到归属，这六个方面各有重叠。

自我安慰：消除负面情绪

2016 年一幅漫画在网上走红，可能是因为它表达了当时全球的某种情绪。画面里，一条狗戴着帽子蹲在书桌旁，周围一片火海。狗强颜欢笑道："没关系。"

士兵思维帮助我们消除恐惧、压力和后悔等负面情绪。有时我们通过矢口否认来缓解负面情绪，就像漫画里的那条狗。有时我们会找一些自我安慰的话来寻求心理平衡，不管这些话是否符合现实，比如，"一切都会好起来的""命里有时终须有""夜越黑，星星越亮"。

在《伊索寓言》的《狐狸与葡萄》中，一只狐狸看见一串鲜嫩多汁的葡萄高高挂在树枝上，想吃却够不到，只好说葡萄是酸的。当我们得不到想要的东西时，我们也会用"酸葡萄"心理来安慰自己。例如，初次约会相处很好的人如果突然不回我们的电话，我们就会说这个人真无聊。当我们错失一个工作机会时，我们会说："这样更好，说不定这个工作很难熬。"

与"酸葡萄"心理极其相似的是"甜柠檬"心理：当问题无法解决时，我们会对自己说，这个"问题"实际上是一件好事，所以即使我们能解决，最好也别管它。在硬膜外麻醉技术发明之前，人类对分娩的剧痛无能为力。于是，许多医生和神职人员提出，疼痛是一件好事，因为它促进了人类的心灵成长和品格锻炼。1856年，一位产科医生甚至说，分娩的痛苦是上帝赋予的，"我们最好不要质疑"。[3]

现在有了硬膜外麻醉，我们不再认为"分娩阵痛"这个柠檬是甜的。但对于衰老和死亡，我们仍然会有"甜柠檬"心理——认为衰老和死亡是美好的，它们赋予生命意义。在小布什政府担任过总统生物伦理委员会主席的利昂·卡斯认为，"死亡也许并非是件坏事，它也可能是件好事"，我们之所以能够感受到爱，也许正是因为我们知道人的生命是有限的。[4]

有一点值得注意，保持乐观并非自我安慰的唯一方式，有时悲观消极也可以用来自我安慰，就像有时我们会说：不用担心，反正也没什么希望。举几个例子，有一门很难的课程，你怎么努力都学不好，这时你可能会说"努力毫无意义，再怎么努力也无法提高我的成绩"，放弃的那一刻你感到无比轻松。再比如，你可能觉得提前为地震或海啸等可能发生的灾难做准备毫无意义，所以你根本不会为这种事操心。纽约大学灾难准备心理学学者、社会学教授艾里克·克里南伯格说："大多数人会消极地说，'这是命运，我无法控制'。"[5]

提高自尊：让自己自我感觉良好

电影《校园风云》中，主角特拉西·弗里克是位野心勃勃、积极上进的女教师，却很难交到朋友。"没关系，"她告诉自己，"很少有人真正注定成为与众不同的人，你注定是独行侠……如果想变得伟大，你就必须孤独。"[6] 像特拉西一样，我们经常用士兵思维来保护自己的自尊心，用自我安慰的话为不讨喜的事实找借口。例如，我可能不富有，那是因为我正直；我朋友不多，那是因为人们怕我。

各种各样的说辞都可以用来捍卫我们的自尊心，因为这些说辞在某种程度上与我们的优点或缺点有关。例如，如果我们的办公桌上经常堆满图书和文件，我们可能会说"凌乱象征着创造力"。如果我们有足够的时间和金钱经常去旅行，我们的说辞可能会是"如果不出去见见世面，就不可能真正全面发展"。如果高考（SAT，即美国高中毕业生学术能力水平考试）

没考好，我们可能就会特别认同这个说法："标准化考试并不衡量你有多聪明，它只衡量你的应试能力。"

随着时间的推移，我们对自己、对世界的看法会根据自己取得的成就不断调整。20 世纪 90 年代末开展了一项研究，对大学生四年的学习状况进行了跟踪调查，记录了学生期望获得的平均学分绩点（GPA）、实际获得的平均学分绩点以及学生对成绩重要性的看法。成绩一直低于自己预期的学生越来越认为："成绩其实没那么重要。"[7]

人类对世界最基本的认知在很大程度上受自我认知的影响。穷人更有可能认为运气是取得成功的重要因素，而富人则倾向于认为勤奋和天赋是最重要的因素。经济学家罗伯特·弗兰克曾在《纽约时报》专栏中写道，运气是成功的一个重要因素（但不是充分条件）。福克斯商业评论员斯图尔特·瓦尼对此愤愤不平。"你知道这句话有多侮辱人吗？"他诘问弗兰克，"35 年前，我一无所有来到美国。今天，凭借着勤奋、天赋和胆识，我取得了一些成就，可你却在《纽约时报》上大言不惭地说成功是因为运气。"[8]

再补充一点：出于保护自尊的动机性推理并不总是认为自己机智过人、才华横溢、人见人爱。心理学家区分了自我提升和自我保护两个概念，前者意为用枳极正向的想法来增强自尊，后者意为不让自尊心受到打击。为了防止自尊心受到打击，我们有时会故意贬低自己。YouTube（油管）网红博主纳塔莉·韦恩在一个很火的视频中将其称为"受虐认识论"——任何伤害都是真的。这个词引起了很多人的共鸣。正如一位观众评论的那样："当别人不认为我长得漂亮时，如果我还希望他们认为我漂亮，这样感觉很不好，相比之下，如果事先假设人们认为我不漂亮会让我感觉更安全。"[9]

保持士气：激励自己去做艰难的事情

写这本书的时候我住在旧金山，这座城市的每个人，包括优步司机，都对下一家市值 10 亿美元的科技公司抱有美好的愿景。在这里，大家都认为非理性的乐观是一件好事，它激励着你去迎接巨大的挑战，无视反对者，并在困境中坚持下去。难怪一项关于企业家的调查显示，几乎所有受访者都预估自己公司的成功概率至少为 70%，其中有 1/3 的人甚至认为自己的成功概率为 100%，实在令人惊讶，要知道创业成功的基础概率仅为 10% 左右。[10]

我们何以能做到如此自我感觉良好，方法就是忽略基础概率的重要性，一味告诉自己只要努力，就会成功。正如一位励志博主所说："喜欢一件事就全身心投入，每天坚持做，百分之百能成功。"[11]

另一种方法是仅关注事物积极的一面，选择性忽略消极的一面。我在创业之初，知道大多数公司都会失败，但我这样安慰自己："我们的处境比大多数公司都好，因为我们有很多支持者。"这是事实，也是乐观的理由。但我忽略了一个事实，

"公司员工都很年轻，缺乏经验，这一点我们不如其他公司"。

我们需要士气来做出艰难的决定并采取坚定的行动。这就是为什么决策者经常忽视备选计划或无视当前计划的缺点。20世纪70年代，社会学家尼尔斯·布伦松在一家瑞典公司任职期间注意到，公司召开会议讨论开展何种项目时，与会人员很少会对不同的项目进行比较，他们通常很快锁定一个项目，并在会议的大部分时间里讨论该项目的优点。"这有助于激发公司上下做项目的热情，他们认为克服困难需要这样的热情。"布伦松总结道。[12]

自我安慰、提高自尊和保持士气是自欺欺人产生的三大情感收益，旨在取悦自己。士兵思维的另外三个作用——说服他人、树立形象和找到归属，属于社会收益，旨在通过自己改变他人。[13]

说服他人：说服自己以便说服他人

美国前总统林登·约翰逊当参议员时有个习惯，朋友和助手们称之为"不断演练直至相信"。当需要让人们相信某件事时，约翰逊会充满激情地不断论证这件事，让自己对此深信不疑。经过不断演练，他最终能够以完全肯定的姿态去捍卫这件事，不论当初自己的观点是什么。"这并非装腔作势，"约翰逊的新闻秘书乔治·里迪说，"他有非凡的能力说服自己，让自己相信目前容易接受的'真相'就是真相，任何与之相冲突的都是敌人欲盖弥彰。"[14]

约翰逊故意自欺欺人的能力非同寻常。但在某种程度上，我们都会这么做，只是没有那么刻意：为了说服他人相信某事，我们首先会让自己相信这件事，然后不遗余力地寻找论据和证据进行论证。

在模拟法庭上，法律系学生从准备为原告或被告辩护的那一刻起，就开始相信自己辩护的这一方品德端正且遵纪守法，即使为谁辩护是随机分配的。[15] 作为一名企业家，如果你能以真诚的热情宣传自己的公司现在如何"火爆"，别人可能也会相信。游说者、销售人员和募捐者都可能会夸大自己事业或产品的优势，淡化其缺陷，以便更容易将其销售出去。

教授也可能会努力让自己相信其理论比实际更具独创性，这样他就可以在公共演讲和写作中说自己的理论极具创新性。即使熟悉他的研究领域的人意识到他夸大其词，也没关系，因为了解情况的只有少数人，大多数人并不了解。为了相信自己的理论具有原创性，教授通常需要"不小心"曲解他人的观点，然后对这个莫须有的错误观点进行抨击却不自知。

即使我们不擅长说服他人，可能也有很多事情想让朋友、家人和同事相信，比如，"我是好人。我值得你同情。我正在尽最大的努力。我是不可多得的人才。我的事业真的在腾飞"。我们越相信这些论断，并不断收集证据和论据来支撑它们，我们就越容易说服其他人相信这些论断（或者说逻辑上是这样）。

正如约翰逊常说的："只有自己相信，才能让他人相信。"[16]

树立形象：持有给自己形象加分的观点

我们正在挑选衣服，在西装或牛仔裤、皮革或麻、高跟鞋或高帮鞋之间进行选择，这时我们会暗暗问自己："什么样的人会穿这个？老练、自由、不落俗套还是脚踏实地的人？我想给人留下这样的印象吗？"

我们选择相信什么就像我们选择穿什么一样。[①] 心理学家称之为印象管理，演化心理学家称之为暗示：在思考一种说法时，我们会暗暗问自己："什么样的人会相信这种说法，我希望留下这种印象吗？"

人们通过不同的服装来展现不同的自己，同样，持不同的观点也会让自己与众不同。例如，有人可能选择相信虚无主义，因为这让他显得前卫；有人可能选择乐观，因为这让他讨人喜欢；还有人可能选择在有争议的问题上采取温和立场，因为这让他显得成熟。请注意，这里的目的不是说服他人同意你的观点，也就是说虚无主义者并不试图让其他人相信虚无主义，而是要让其他人相信他是虚无主义者。

时装界有时尚，思想界同样也有时尚。当"社会主义优于资本主义"或"机器学习将改变世界"之类的观点开始在你的社交圈流行时，为了跟上潮流你可能会选择同意这些观点。当然，如果你以叛逆者的形象示人，情况就不一样了，越流行的

---

① 观点和衣服的类比见罗宾·汉森的文章《观点就像衣服吗？》http://mason.gmu.edu/~rhanson/belieflikeclothes.html。

观点，你越不可能接受。

尽管展现自我的方式各不相同，但某些喜好几乎人人相同。几乎没有人喜欢穿着脏衣服出门。同样，也不会有人抱着让自己看起来疯狂或自私的观点不放。为了维护良好形象，我们会对自己的某些行为进行辩解，比如"我反对在我家附近新建房子，当然不是因为我想让自己的房产保值，而是因为担心对周围环境产生不良影响"。

值得一提的是，无法理解某些事对我们也有帮助。我记得读高中时和一群同学坐在一起，谈论我们认识的某个人，这个人对朋友最近取得的成绩嫉妒不已。我们组有个名叫达娜的女孩不解地问道："为什么会有人嫉妒自己的朋友？"

"啊……达娜太单纯了，她居然不理解嫉妒！"有人打趣道。其他同学跟着"啊"起来。

"伙计们，我真的不明白！"达娜对大家的起哄表示不满，"朋友开心了，我们不也应该感到高兴吗？"

找到归属：融入社会群体

对一些宗教群体来说，失去信仰意味着失去婚姻、家庭乃至整个社会支持系统。这是一个极端的例子，但所有社会群体都有一些默认要遵守的信仰和价值观，例如，"气候变化是一个严重问题""共和党比民主党好""我们为之奋斗的事业意义非凡""孩子是我们修来的福气"。如果我们持不同的观点，就算不会被扫地出门，也会与其他成员疏远。

要明确的是，服从共识本质上并不是士兵思维。在网络漫画 XKCD 中，一位家长问孩子一个老问题："如果你所有的朋友都从桥上跳下，你也会跳吗？"我们期待的正确答案是一句不情愿的"不，当然不会"。但孩子却回答说："可能吧！"因为毕竟跳桥的原因更有可能是桥着火了，而不是朋友们同时发疯，对不对？[17]孩子的回答有道理。服从共识通常是一种明智的做法，因为凭你一己之力不可能调查所有事情，集体智慧能帮你了解你不知道的事情。

所以，只有当你根本不想了解某种共识是否有错时，才是动机性推理。我有一个朋友，叫卡特娅，按照她的话说，她在一个"嬉皮士"小镇上长大，那里的每个人，包括她，都是激进的环保主义者。上了高中后，卡特娅开始在网上或经济学课本中看到一些论述，说某些环保主义政策是无效的，伐木公司也并非人们想象的那样对环境有害。

于是，她开始寻找这些论述中的逻辑错误。但令她震惊的是，有时这些论述看起来似乎是……正确的。每当这个时候，她就觉得反胃。"当我看到这些'错误的论述'时，我感到恶心，"她告诉我说，"比如有些关于林业的论述，我居然没有办法立即反驳，这让我愤怒。"

融入群体不仅意味着要服从群体共识，还意味着要积极与各种有损群体荣誉的事件做斗争，以此表明对群体的忠诚。在听到有人批评游戏玩家时，强烈认同"游戏玩家"的人会感觉像在批评自己。和其他人相比，他们对暴力电子游戏极具危害性的研究结果持更加怀疑的态度。[18]同样，强烈认同天主教的人感觉自己与天主教徒紧密相连，如果某个天主教神父被指控性虐待，他们会比其他人更难以相信。[19]

对于某些社群文化，融入意味着要限制自己的梦想和自信，这个现象被称为"高大罂粟花综合征"：任何自尊心太强或野心太大，看起来想成为"最高大的罂粟花"的人，都会被"砍掉顶部"，回归正常大小。如果你想融入这种文化，你可能需要发自内心地淡化自己的成就和目标。

了解了士兵思维在以上六个方面的作用，我们也就了解了士兵思维在保护什么，这也解释了为什么以下用于纠正士兵思维的方法根本不起作用，这些方法通常涉及"培养"或"训练"等词，如：

> 我们需要告诉学生什么是认识偏见。
> 我们需要培养人们的批判性思维。
> 我们需要对人们进行理性和逻辑训练。

从长远来看或在课堂之外，这些方法都不太可能改变人们的思维方式，这并不奇怪。人们依赖动机性推理，不是因为不知道哪种思维方式更好，而是因为要去保护某些对自己至关重要的东西，比如，对生活、对自己的良好感觉，尝试解决难题并坚持下去的动力，良好的形象和说服力，以及群体对自己的认同和接纳。

我们通常利用士兵思维来获得想要的东西，但这并不代表士兵思维就是好的思维模式。首先，它可能适得其反。在"说服他人"这一小节中我们看到，模拟法庭上法学学生的辩护对象是随机分配的，然而学生们在阅读完案件材料后，开始坚信自己辩护的这一方无论在道德上还是法律上都没有过错。可是，相信己方无辜无助于他们说服法官。相反，越相信己方的有利点，越可能败诉，这可能是因为他们对于别人的反驳没有做好充分准备。[20]

即使士兵思维并不完全事与愿违，它也未必是我们的最佳选择。比如，提高自尊更好的方法是正视并改正自己的缺点，而不是否认缺点。获得群体认同也并非一定要压制自己不同的观点，我们可以选择退出该社群，加入另一个更容易获得认同的群体。

本章开头，我根据"切斯特顿栅栏"法则提出了一个问题：士兵思维有何作用，我们能否摒弃士兵思维？到目前为止，我们已经回答了这个问题的前半部分。要回答问题的后半部分，我们需要确定，如果抛弃士兵思维，我们是否能够等效甚至更有效地获得我们所珍视的东西。这是下一章要探讨的内容。

第 3 章
为什么真相远比我们想象的更重要

我们再回顾一下士兵思维和侦察兵思维的区别。士兵思维模式下,对于想要接受的事物,我们通过"这可信吗"的视角来判断能否接受;对于想要拒绝的事物,我们通过"这必须信吗"的视角来判断能否拒绝。士兵思维让我们极力相信某些事情,相信这些事有助于我们自我安慰、提高自尊、保持士气、说服他人、树立形象和找到归属。

侦察兵思维通过"这是真的吗"的视角来看待问题。它帮助我们客观地看待事物并做出正确的判断,进而解决问题,发现机会,评估风险,决定自己的生活方式等。侦察兵思维有时甚至还能让我们纯粹出于好奇去探索我们居住的这个世界。

侦察兵思维和士兵思维的作用

士兵思维让我们极力维护某些观点,这些观点能带给我们:	侦察兵思维让我们客观看待事物,从而能够:
情感收益: • 自我安慰:应对失望、焦虑、遗憾、嫉妒 • 提高自尊:让自己感觉良好 • 保持士气:面对挑战而不气馁	**正确判断以下事情:** 哪些问题值得解决,哪些风险值得承担,如何追求目标,应该信任谁,应该过什么样的生活,以及如何慢慢提高判断力
社会收益: • 说服他人:说服他人相信对我们有益的事情 • 树立形象:让自己看上去聪明、老练、富有同情心、善良 • 找到归属:融入自己的社会群体	

人们的潜意识在权衡不同的选择

我们的选择会同时服务完全不同的目的,这是人类的悖论之一,其结果是我们总要权衡不同的选择。

正确的判断和找到归属,孰更重要?如果你归属于一个紧密团结的群体,士兵思维也许能帮助你更好地融入这个群体,因为它让你深刻认同该群体的核心信仰和价值观。但如果你允许自己质疑该群体的核心价值观,你可能会发现,摒弃该群体关于道德、宗教或性别角色的观点,从而拥抱不那么传统的生活,对你来说会更好。

正确的判断和说服他人,孰更重要?我有一个朋友曾在一家著名的慈善机构工作,他很"佩服"机构主席自欺欺人的本事。这位主席很善于让自己进而让潜在的捐赠者相信预算中的每一分钱都花在了刀刃上。同时,自欺欺人让他不愿意砍掉失败的项目,因为在他看来,这些项目并没有失败。"哪怕是显而易见的事,你也需要争辩一番,才有可能让他相信。"我的朋友回忆道。在这个例子中,士兵思维让这位主席更善于说服他人捐款,却不善于判断如何使用捐款资金。

正确的判断和保持士气,孰更重要?在制订出一个计划后,仅关注其积极的一面("这是一个多么好的主意!")可以激发我们付诸实践的热情和动力。但如果我们能仔细检查该计划是否有缺陷("有什么缺点?什么情况下可能失败?"),也许我们会得到一个更好的计划。

我们一直在做这样的权衡,而且通常并未意识到。毕竟,自欺欺人通常发生在潜意识里。如果特意去思考"我应该承认我搞砸了吗?",那就不属于自欺欺人。因此,根据具体情况优先选择哪些目标是由我们的潜意识决定的。有时,我们舍弃客观,优先选择情感目标或社会收益,这时就会使用士兵思维。而有时我们会选择侦察兵思维,因为我们的优先目标是寻求真相,即使真相事与愿违。

有时,我们的潜意识希望两者兼而有之。在开展工作坊培训期间,我很注重学生的反馈。如果学生感到困惑或不开心,最好早点发现,这样才能及时解决问题。收集反馈意见对我来说向来都不容易,所以这次我能做这么有意义的事情,我感到很骄傲。

是的,我一直感到很骄傲,直到有一天我意识到自己忽略了一个重要细节。每当我问学生："你喜欢这个工作坊吗？"我会开始点头，脸上带着鼓励的微笑，好像在说，答案是肯定的，对吧，请说是。一方面，我想得到肯定的反馈以获得满足感和幸福感；另一方面，我又想了解真实的情况以便及时解决问题。显然，这两方面相互抵触。一边希望获得诚实的反馈，一边又用点头和引导性问题进行诱导，两边争斗的画面显示了士兵思维和侦察兵思维之间紧张的对立。这幅画面现在已经深深印在我的脑海中，挥之不去。

我们在理性胡闹吗

潜意识中我们不断在侦察兵思维和士兵思维之间进行权衡，所以有必要问自己：在某一特定情况下，了解真相的成本和收益是多少？相信谎言的成本和收益又是多少？直觉上我们能否权衡两者孰轻孰重？人们认为，人类大脑能够很好地进行这些权衡，这种假设被经济学家布莱恩·卡普兰称为理性胡闹假设。[1] 这个名字看似矛盾，但实际上是利用了"理性"这个词的两种不同含义：基于充分事实的认知理性，采取有效行动以实现目标的工具理性。

因此，理性胡闹是指在不过多损害判断力的情况下，我们潜意识里利用一定的认知非理性来实现自己的社会和情感目标。比如，如果否认问题的存在会带来足够的心理安慰，同时解决问题的可能性不大，理性胡闹的人就会矢口否认问题的存在。

如果吹嘘公司运营状况能够吸引投资者投资,且对公司的战略决策不会造成太大的负面影响,公司CEO(首席执行官)就会夸大宣传公司经营现状,这也属于理性胡闹。

那么,我们是理性胡闹吗?

如果是,这本书的很多内容就没必要写了。我可以直接呼吁大家大公无私,为了成为好公民尽量选择侦察兵思维。或者我可以激发大家与生俱来对真理的热爱去追求真理。当然,如果你已经在侦察兵思维和士兵思维之间达到最佳平衡,我不敢说再增加一些侦察兵思维会让你个人变得更好。你手里的这本书已经揭晓我的答案:不,我们远非理性胡闹。我们的决策过程存在一些重要偏见,在某些方面系统地误判了真相的成本和收益。本章接下来将探讨这些偏见如何导致我们高估士兵思维,低估侦察兵思维,从而导致我们更经常使用士兵思维而不是侦察兵思维。

我们高估了士兵思维的即时回报

人类非常善于慢慢破坏自己的目标,这也是最令人崩溃的地方。我们办健身卡,却很少去健身。我们开始节食,却不能坚持。我们写论文要拖到截止日期的前一天晚上,然后咒骂自己不抓紧时间,导致现在无法交差。

这种自我破坏的根源就是即时倾向,这是我们直觉决策的一个特点,即我们太在乎短期利益而忽略长期收益。换言之,我们缺乏耐心，而且随着潜在回报越来越接近，我们变得更加不耐烦。[2]

在考虑购买健身卡时，从理论上讲，每周花几个小时锻炼，换来美丽的外形和健康的身体非常值得。报名吧！但早晨你面临的选择艰难得多：是"关掉闹钟，愉快地重新入睡"，还是"去健身房，朝着我的健身目标迈进一小步"。选择睡懒觉的回报是立竿见影的，选择锻炼的回报是不确定的、延迟的。不管怎样，一次不锻炼对自己的长期健身目标会有什么影响？

众所周知，即时倾向会影响我们的行动选择。但很少有人知道，它还会影响我们的思维方式。比如睡懒觉、破坏节食计划或拖延工作让我们获得士兵思维带来的即时回报，但代价是延时的，不会立即显现。当你为自己犯的一个错无比担心时，你说服自己"这不是我的错"，于是心情立即大好。这么做的代价是你错过了从错误中吸取教训的机会。也就是说，你将来无法避免再次犯错，但这个代价在未来的某个未知时刻之前并不会影响你。

初识某人（如恋人、同事等）时最容易高估对方的优良品质。例如，人们第一次遇见你时，对你的工作能力或能否和你谈恋爱知之甚少，因此不得不依赖某些替代品质，比如自信："他对自己有信心吗？"但是和你相处的时间越长，他们对你的实际优缺点了解得就越多，就越不需要用你的自信来替代其他品质。

对自己能否成功过度乐观会带来即时动力。然而，当成功所需的时间超出预期时长，动力就会随着时间的推移而减少，甚至还会适得其反。正如弗朗西斯·培根所说："希望是美味的早点，但又是难咽的晚餐。"

我们低估了培养侦察兵思维习惯的益处

早上醒来去健身房的好处不仅在于燃烧卡路里或锻炼肌肉，更在于强化重要技能和习惯，包括去健身房的习惯、履行承诺的习惯，以及迎难而上的能力。

这些好处很抽象，我们很难发自内心体会到这些好处，尤其是早上6点闹钟响起，你要从温暖舒适的被窝中爬起来的时候更难体会。就一天而言，不会对总体习惯和技能产生太大影响。"我可以明天去锻炼！"你一边关掉闹钟一边想。是的，一天不去没关系，但明天你依然会这么想。

同样，在侦察兵思维模式下，每做一件事，都让你的现实地图更加准确，同时还增强了你的思维习惯和技能。即使是思考一些不会直接影响你生活的事，如外国政治，你的思维方式仍然会间接影响你，你的思维习惯在这一过程中得到强化。每次你说，"哦，这点非常好，我之前没想到"，都会让自己变得越来越容易接受好的想法。每次在引用某句话或某件事之前都要去查证一番，你就会渐渐养成验证事情真伪的习惯。每次你愿意承认"我错了"，就会变得越来越容易坦诚面对自己的错误。

所有这些及其他侦察兵思维习惯需要慢慢形成。但就任何一个具体事例而言,"逐步改善思维习惯"的好处很难与士兵思维带来的直观即时回报相抗衡。

我们低估了自欺欺人的涟漪效应

情景喜剧中经常使用的一个隐喻是"欺骗会导致更多的欺骗"。你一定看过这个桥段——主人公犯了一些小错,比如忘了给妻子买圣诞礼物。为了掩盖事实,他撒了个小谎。他把原本为父亲买的礼物送给了妻子,假装是特意为她买的。但他需要再撒一个谎来掩盖第一个谎言:"这是一条领带……嗯,对了,我一直想告诉你,我觉得你系领带看起来很性感!"接下来的剧情是他的妻子天天系领带,直到本集结束。

为了达到喜剧效果,这个隐喻被夸大了,但它反映了一个基本事实:当你说谎时,很难准确预测将来要为此付出什么代价。

欺骗他人会产生涟漪效应,欺骗自己亦如此。假设你经常为自己的错误辩解,其结果是你认为自己很完美,但实际上你并没有那么完美。你的自欺欺人会影响你对他人的看法,比如,如果朋友和家人犯了错,你可能不会有同理心。毕竟,你从来没有犯过这样的错误。你会想:"为什么他们不能做得更好?那并不难啊。"

有时为了自尊,你戴着玫瑰色的眼镜来看自己,认为自己比别人实际看到的更迷人、更风趣、更令人印象深刻。随之产生的涟漪效应可能是：当女性不愿和你约会时，你会认为她们都很肤浅。

但这一结论本身又会引发涟漪效应。你如何解释为什么你的父母、朋友或网络评论员一直试图说服你，大多数女性并不像你想象的那么肤浅？你的回答是："嗯，我想你不能指望人们说真话。人们只会说他们认为应该说的话，不是吗？"这个回答将在你的认知地图里激起更多涟漪。

这些例子仅仅是为了解释涟漪效应，不一定具有代表性。我们很难确切地知道某个具体的自欺欺人行为所产生的涟漪效应是否会伤害你或如何伤害你。也许在许多情况下，伤害可以忽略不计，但由于伤害是延迟的且不可预测，我们应该时刻警惕。当我们通过直觉来权衡成本和收益时，往往会忽视可能的伤害。涟漪效应让我们更有理由怀疑自己低估了自欺欺人的成本，低估自欺欺人的成本导致我们过多地选择士兵思维，过少地选择侦察兵思维。

我们高估了社会成本

你对医生撒过谎吗？如果是，你并非个例。最近的两项调查分别显示，81%和61%的患者承认对医生隐瞒了重要信息，例如是否定期服药或是否理解医嘱。[3] 对此，患者给出的最常见的解释是为了避免尴尬和不想被医生贬低。研究负责人表示："大多数人希望医生能够高度评价自己。"[4]

想想为了这两种原因对医生撒谎是多么不可理喻。首先，医生肯定不会像你担心的那样严厉地批评你。他已见过很多病人患有类似尴尬疾病或具有类似不良习惯。更重要的是，医生如何看你并不重要，他的评价对你的生活、职业或幸福几乎没有影响。理性地说，对医生毫无保留更有意义，只有对医生坦诚，你才可能得到最好的医疗建议。

高估与他人相处的重要性，是我们的直觉误判成本和收益的另一种表现形式。我们往往高估与他人相处时产生的某些社会成本，如看上去很奇怪或当众出丑等，实际上这些社会成本并没有我们想象的那么重要。事实上，其他人对你的看法并不像你直觉认为的那样，他们对你的看法也不会像你想象的那样对你的生活产生影响。

高估社会成本导致我们做出了可悲的取舍，即为了避免相对较小的社会成本而牺牲了很多潜在的幸福。比如，关于要不要主动邀约的问题。如果约会请求被人拒绝，我们会觉得世界末日到了，尽管被拒没什么大不了的。由于担心被拒，我们经常会找一些理由不去主动邀约，例如，说服自己对这段关系并不感兴趣，现在没有时间约会，抑或没人愿意与我们约会。于是，我们最终决定还是不要主动邀约了。

在第 2 章"找到归属"一节中，我提到了高大罂粟花综合征，也就是在某些社群文化中，看起来过于野心勃勃的人会被要求收敛锋芒，回归正常标准。这是真实的现象，但我们对此有些反应过激。经济学家朱莉·弗莱研究了新西兰人对雄心壮志的态度,高大罂粟花综合征在新西兰历史上很常见。一天,她与两年前采访过的一位女士再次取得联系,希望续签发布采访录音的许可合同。

在最初的采访中,这位女士声称自己胸无大志,宁愿在自己的职业生涯中原地踏步,但现在她是公司一个团队的负责人,工作很开心。她告诉弗莱,两年前关于雄心壮志的谈话让她的思想发生了转变,从"这不适合我,我不感兴趣"转变成"好吧,我不必鲁莽和急躁,但也许我可以努力做些什么"。[5]

如果我们允许自己反思一直避免的社会成本(或者当其他人促使我们反思时,比如这位新西兰女士),我们经常会意识到:"嘿,这根本没什么大不了的。我可以承担更多的工作职责,没事的。没有人会因此恨我。"但如果我们凭直觉做决定,只要有一点点的社会风险暗示,我们就会本能地反应:"要不惜一切代价避免风险!"

为了不在陌生人面前出丑,我们宁愿冒生命危险。在《大天气:追逐美国中部的龙卷风》(*Big Weather: Chasing Tornadoes in the Heart of America*)一书中,作家马克·斯文沃尔德描述了龙卷风来临时,他正在俄克拉何马州埃尔雷诺市的一家汽车旅馆里。汽车旅馆的电视正播放龙卷风警报,屏幕底部滚动着国家气象局的预警:"立即隐蔽。"斯文沃尔德想,难道自己生命的最后几个小时真的要在一家廉价汽车旅馆度过?

然而,他犹豫要不要隐蔽。汽车旅馆外,两名当地男子正漫不经心地靠着卡车喝啤酒,显然对迅速逼近的龙卷风毫不在意。是自己太不经事？汽车旅馆的前台服务员看上去也很平静。斯文沃尔德问她，汽车旅馆是否有地下室可以躲藏。"不，我们没有地下室。"她回答道，带着一丝他感觉很轻蔑的口吻。

斯文沃尔德后来回忆说，"服务员的轻蔑让我这个没有受过训练的外地游客感到羞愧，我开始选择无视警报"，外面两个人"无动于衷地喝着啤酒"，也让他犹豫不决。经过30分钟的心理斗争，他注意到外面的人都走了，这才觉得自己终于可以隐蔽了。[6]

我们被眼前的短期回报深深诱惑，即使将来要为这些回报付出高昂的代价也在所不惜。我们总是低估错误观点造成的长期危害，轻视侦察兵思维带来的长期收益，同时高估他人对自己的评价以及他人评价对自己生活的影响。所有这一切最终导致我们极易为了短期的情感和社会回报而忽略事情的真相。这并不是说侦察兵思维永远是更好的选择，而是说人们偏爱士兵思维，即使侦察兵思维有时是更好的选择。人类大脑天生就不会做出最佳选择，这听起来像是坏消息，但实际上是好消息。这意味着我们还有改进的空间，如果我们能够学会减少对士兵思维的依赖，更多地选择侦察兵思维，我们就有机会让自己的生活变得更美好。

100%　　　　　　　　　　　　100%
士兵思维　　　　→　　　　侦察兵思维

**不管直觉是什么，我们都要更多地选择侦察兵思维，
更少地选择士兵思维**

准确的地图对今天的我们更有意义

如果你出生在 5 万年前,你或多或少会受到部落和家庭的束缚,可供选择的职业也不多。你可以打猎、觅食或生孩子,这取决于你在部落中的角色。如果你都不喜欢,那就太糟糕了。

现在,我们有更多的选择,对于生活在发达国家的人来说尤其如此。我们可以自由选择在哪里生活,从事什么职业,和谁结婚,是否要开始或结束一段关系,是否要孩子,借多少钱,在哪里投资,如何管理身心健康等。我们的选择让生活变得更好还是更糟取决于我们的判断,而判断取决于思维方式。

生活在现代世界也意味着我们有更多的机会来解决生活中的烦恼。比如,如果不擅长某件事,我们可以去上课,读"傻瓜系列"丛书,观看 YouTube 教程,找家教,或者直接雇人来做。如果对自己所在城镇的狭隘社会习俗感到不满,我们可以在网上找到志同道合的人,或者搬到大城市。如果受到家人虐待,我们可以与家人断绝关系。

如果你经常不开心,可以去做心理咨询,多做运动,改变饮食,尝试抗抑郁药,阅读励志或哲学书籍,冥想,主动帮助他人,或者搬到全年阳光充足的地方。

这些解决方案并非对所有人都同等有效,也并非所有人都值得一试。我们需要判断哪些方案值得尝试,同时还要判断哪些问题需要我们尝试解决,而不是一味忍受。

和祖先相比,我们拥有更多的选择,因此侦察兵思维对我们来说更有意义。毕竟，如果问题根本无法解决，承认问题存在又有什么意义呢？如果根本不可能退出，质疑社群的价值观又有什么意义？如果只能走一条路，拥有一张精确的地图对我们也没有多大帮助。

所以，如果我们的直觉低估了真相，那也不足为奇，因为人类的直觉发展于一个不同的世界，一个更适合士兵思维的世界。我们的世界正日益成为一个看重客观事实的世界，从长远来看，尤其如此。在这个世界，我们的幸福不再取决于能否适应祖辈规定的生活、技能和社会群体。

现在的世界，越来越成为一个需要侦察兵思维的世界。

第二部分

增强自我意识

第 4 章
侦察兵的标志

红迪网（Reddit）上有一个论坛，我很喜欢，名字叫"我是浑蛋吗？"。人们在论坛发帖，描述最近发生在自己身上的矛盾冲突，让网友评价谁对谁错。

在 2018 年的一篇帖子中，一位男士描述了自己的困境[1]：他和女友恋爱了一年，想让她和自己一起住。问题是女友养了一只猫，他不喜欢猫。他希望女友在搬进来之前把猫送走。但是，尽管他已经"非常冷静和理性地"（他的原话）向她解释了自己的立场，女友仍然不肯让步。她说，她和猫不能分开。男士认为女友不讲理，于是来到论坛，希望大家支持他。

然而，网友们不支持他。网友们说，宠物对于主人来说极其重要,就算你不喜欢猫,也不能让别人把猫送人。关于这件事,网友的裁决出奇一致:"是的,你是个浑蛋。"

阻止我们用侦察兵思维来考虑问题的一个关键因素是我们自认为自己的思维模式就是侦察兵思维。某些特征看起来是侦察兵的特征,但实际不是,本章在讨论完这些貌似侦察兵的特征后将揭晓真正的侦察兵的标志。

感觉客观不等于侦察兵思维

刚才我举的例子中,红迪论坛用户用的词"非常冷静和理性地"很能说明这个问题。我们因为感觉客观就认为自己是客观的。我们仔细检查自己的逻辑,感觉很合理。我们觉得自己冷静、公正,没有发现自己有任何偏见。

但感觉冷静并不意味着自己公平公正,红迪论坛用户的例子恰好证明了这一点。而且,能够"理性地"解释自己的观点,也并不意味着你的观点就是公平的。人们通常将"理性"解读为能够运用有力的论据论证自己的观点。你的论证对于你来说当然很有说服力,每个人都认为自己的论证很有说服力。动机性推理就是这么进行的。

事实上,认为自己理性可能会适得其反。你越认为自己客观,就越相信自己的直觉和观点符合事实,也就越不可能质疑自己的观点。比如,"我很客观,所以我对枪支管制的观点一定是对的,那些反对的观点很不理性""我很公正,所以如果我认为这个求职者是更好的人选,他一定就是更好的人选"。

2008 年,金融家杰弗里·爱泼斯坦被控性侵未成年少女。几年后,一名记者在采访爱泼斯坦的密友、物理学家劳伦斯·克劳斯时提到了这一案件。克劳斯驳斥了这些指控,称:

> 作为一名科学家,我总是通过实证来进行判断。他身边不乏 19~23 岁的女性,其他女性我从未见过,所以作为一名科学家,我想无论问题是什么,我都比别人更信任他。[2]

这是对经验主义的践踏。优秀的科学家并不会因为自己没有目睹而拒绝相信事实。相比指控爱泼斯坦的女性或调查取证的警察,克劳斯更信任自己的朋友。这叫不是客观科学。如果你从一开始就认为自己的思考是客观的,你就会认为自己的结论无懈可击,可通常事实并非如此。

聪明和博学并非侦察兵的标志

当有人在脸书上分享一个极其错误的观点时,我们会惊呼:"真是个白痴。"当我们读到某些流行的伪科学观点时,我们感叹道:"我想人们不再关心事实和证据了。"关于公众的"无知崇拜"[3]和"反智主义",记者们写了一些伤感的文章,还出版了一些书,如《直面真头的美国选民,看看我们到底有多愚蠢》(*Just How Stupid Are We? Facing the Truth About the American Voter*)。4

这些话似乎暗示，人们认知出现错误是因为缺乏知识和推理能力，这也解释了为什么这么多人对争议性话题持有"错误的"观点。如果人们更聪明、更见多识广，就会意识到自己的错误。

但真的是这样吗？耶鲁大学法学教授丹·卡亨调查了美国人的政治观点及对气候变化的看法。正如我们预期的那样，调查结果显示这两个方面高度相关。与保守的共和党人相比，自由的民主党人更有可能同意以下说法："有确凿的证据表明，最近全球变暖主要是由于燃烧化石燃料等人类活动造成的。"①

到目前为止，没有什么奇怪的地方。但卡亨还提出了一系列问题来测试受访者的"科学智力"：有些问题旨在测试推理能力，如："5台机器5分钟能制作出5个小部件，100台机器制作出100个小部件需要多长时间？"还有些问题旨在测试基本科学知识，如："激光通过聚焦声波产生作用是真的吗？""地球大气大部分由哪种气体构成，氢气、氮气、二氧化碳或氧气？"按照我们的预测，如果知识和智力能让人们免受动机性推理的影响，那么人们对科学知识了解得越多，对科学问题的看法就应该越一致。然而，卡亨的调查结果却恰恰相反。科

---
① 这一发现并不意味着自由派和保守派对气候变化进行相同程度的动机性推理，仅说明人们普遍对这个问题进行动机性推理。

学智力水平较低的受访者，他们的观点没有因为政治取向不同而出现两极分化，相信全球变暖是人为造成的在自由派和保守派中均占 33% 左右。但随着科学智力水平的增加，自由派和保守派的观点出现了分歧。在科学智力水平最高的受访者中，相信全球变暖是人为造成的在自由派中达到近 100%，而在保守派中的比例则下降到 20%。[5]

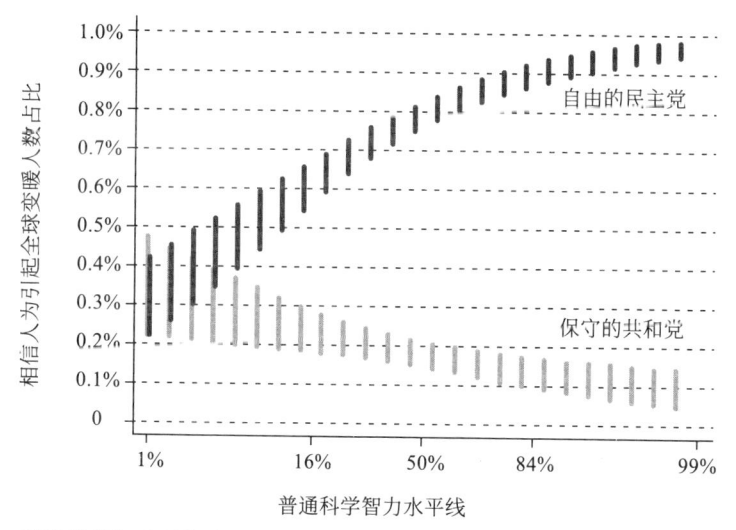

随着科学智力的提高，自由派和保守派关于人为引起全球变暖是否具有"确凿证据"存在分歧。改编自卡亨（2017 年），图 8，第 1012 页。

关于其他带有意识形态色彩的科学问题，人们的观点同样呈沙漏形分化，比如，政府应该资助干细胞研究吗？宇宙是怎么形成的？人类是从低等动物进化而来的吗？科学智力最高的人关于这些问题的观点，因其政治取向不同出现了两极分化。[6]

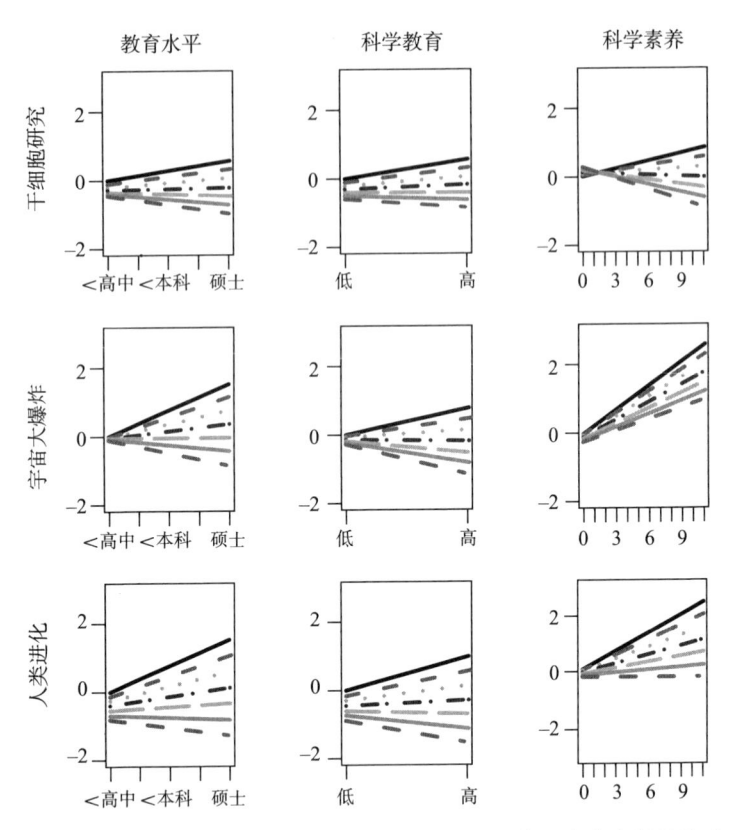

在带有意识形态色彩的科学问题上,如干细胞研究、宇宙大爆炸和人类进化,人们的知识水平越高,其观点受政治取向影响越趋于两极分化。改编自德拉蒙德和菲施霍夫(2017年),图1,第4页。

以上关于观点两极分化的讨论,可能会让一些读者认为,真相在我看来永远在两个相反观点的中间。不,我不这么认为,那属于人为控制的平衡。对于具体问题,真相可能更靠近左边或更靠近右边或位于其他任何地方。总而言之,人们掌握的信息越多,就越应该接近真相,达到观点一致,无论真相在哪里。

然而，我们看到的却截然相反——人们获得的信息越多，分歧越大。

这个研究结果至关重要，因为人们常常因为聪明且熟悉某个主题而对自己的推理感到盲目自信。高智商和高学历在不涉及意识形态的问题上可能会给你带来优势，比如解决数学问题或决定投资项目。但一旦涉及意识形态，高智商和高学历并不能保证你不会受到偏见的影响。

顺便提一下，"有人会比其他人更容易产生偏见吗？"这个问题本身就带有意识形态色彩。同样，研究偏见的人员自身肯定也有偏见。

几十年来，心理学家普遍认为保守派天生比自由派更容易产生偏见，这被称为"右翼的僵化"理论，即具有某些先天人格特征的人倾向于保守主义，如思想封闭、威权主义、教条主义、害怕变化和创新。这对自由派来说是一个不可抗拒的理论，绝大多数的学校心理咨询师都是自由派。最近一项对社会心理学家和人格心理学家的调查显示，认为自己是自由派的心理学家与认为自己是保守派的心理学家的人数比例接近14∶1。[7]

这一调查结果也许与该领域整体倾向接受"右翼的僵化"理论有关，尽管其背后的研究值得怀疑。我们来看几个经常用于测试某人是否"僵化"的提问。[8]

你是否同意"同性恋者和女权主义者应该因敢于挑战'传统家庭价值观'而受到赞扬"？如果不同意，你就是僵化的。

你赞成死刑吗？如果赞成，你就是僵化的。

你赞成堕胎合法化吗？如果赞成，那么是的，你猜到了，你很僵化。

希望你能比学校心理咨询师更快地认识到这项研究中的问题。研究者认为这些提问能够测试受试者是否僵化，但实际上这些提问仅仅测试受试者是否保守。也就是说，保守派比自由派性格更僵化的理论并非基于实证研究，而是一种套套理论，即内容空洞，没有半点解释力。

智力和知识只是工具而已。它们发挥什么作用取决于你的目的，比如它们可以帮你客观地看待事物，也可以帮你维护某个观点。因此，拥有这两个工具并不代表你就变成了侦察兵。

只有积极践行侦察兵思维，才能让你成为侦察兵

一天晚上，在一个聚会上，我跟一群朋友谈及，在推特上提出异议并让人们改变看法很难。这时一名男子插话道："我一点也不觉得难。"

"哇哦，你有什么秘诀吗？"我问。

他耸耸肩："没有秘诀，只要摆出事实就行了。"

我困惑地皱着眉头："那……行得通吗？你只要摆出事实，人们就会改变主意？"

"是的，一直都是。"他说。

第二天，我仔细阅读了他的推特文章，看看自己能学到什么。但读了他几个月的推文后，我没有找到一个例子如他在聚

会上描述的那样。每当有人在推特上对他提出异议，他不是无视，就是嘲笑，要么就说别人错了，然后结束了讨论。

不管实际情况如何，人们经常会这么想，"我当然会根据事实改变看法"，或者"我当然会始终如一地遵守原则"，抑或"我当然是公正的"。侦察兵思维不是你觉得自己这么做了，而是你确实这么做了，必须有具体实例为证。

聪明博学、感觉合理、能够意识到自己在进行动机性推理，所有这些特征似乎都应该是侦察兵思维的标志，但令人惊讶的是，它们与侦察兵思维几乎毫无关系。侦察兵唯一真正的标志是你是否在践行侦察兵思维。本章接下来将探索侦察兵的五大行为标志，这些标志体现了侦察兵寻求真相的决心——无论是否被逼迫，也无论真相是否有利，他们都要找到真相。

当意识到他人正确时，是否会如实相告

美国内战期间，位于密西西比河的维克斯堡市战略位置极其重要，是扼守密西西比河大动脉的军事要塞，控制了维克斯堡就等于控制了军队和物资在全国的流动。美利坚联盟国"总统"杰弗逊·戴维斯曾说："维克斯堡是将南方两块版图钉在一起的钉子。"[9]

北方联邦军将领尤里西斯·格兰特将军数月来一直试图夺取维克斯堡，但均未成功。最后，在1863年5月，他制订了一个大胆的作战方案，从南方军意想不到的方向接近这座城市，同时利用障眼法让南方军难以察觉其部队真正的进攻路线。亚伯拉罕·林肯总统非常担心，认为这个计划风险太大。但两个月后，7月4日独立日那天，格兰特的军队攻克了维克斯堡。

林肯从未见过格兰特本人，但在听说维克斯堡大捷后给他写了封信。林肯在表达感激之情后写道：

> 我想再说一句，我原来认为你应该南下和班克斯少将的舰队会师；当你向北进军至大黑河以东时，我认为这是错误的。我现在想亲自承认你是对的，我是错的。[10]

林肯的一位同事后来读到这封信时评论说，这封信"完全符合他的性格"。当别人的判断比自己更准确时，林肯总统从来都是大方承认。[11]

理论上讲，侦察兵思维只需要你能够对自己承认错误，不需要向他人承认错误。尽管如此，愿意对别人说"我错了"能够更加有力地证明你爱真理胜于爱自尊。你主动向别人承认过错误吗？

如何对待他人的批评

也许你的一个老板或朋友总是说："我尊重诚实的人！我只是希望人们对我坦诚相待。"而一旦有人对此表示质疑，他们的反应往往很激烈。如果有人提意见，他们会生气、反驳甚至猛烈抨击，或者他们会礼貌地感谢那个人的诚实，然后从此再也不搭理这个人。

我们经常说"欢迎批评指正",但"欢迎批评"永远是说起来容易做起来难。在许多领域,获得诚实的反馈对于改进至关重要。比如,收集客户意见,获得他人对自己演讲技巧的评价,或了解自己作为老板、员工、朋友或伴侣有哪些地方值得改进,这些反馈都有助于我们持续改进。

要衡量自己对批评的接受度,仅仅问"我愿意接受批评吗?"远远不够。我们需要反思自己以往是如何面对批评的。比如,我们曾经是否根据批评意见进行改进,是否奖励过批评自己的人(例如,提拔他),是否竭尽全力方便他人提意见。

我的朋友斯宾塞经营着一家初创企业孵化器,管理着好几个团队。他每年要做两次问卷调查,让所有员工对他的管理提出反馈意见。调查是匿名的,以便员工如实反馈。他还学会了用不同的措辞来提问,以便更有效地获得反馈。例如,除了问"作为一名经理,我有哪些弱点",他还会这么问:"如果你必须选择一件事让我改进,那会是什么?"

大家可能还记得我前面提到的一件事——在向学生收集"诚实的反馈"时,我使用了引导性问题,所以我在收集反馈意见这方面做得并不好。我讨厌受到批评,几乎每次都是强迫自己收集意见。我和斯宾塞在这方面的差异有时非常明显,比如有一天,他很热情地问我:"嘿,朱莉娅,我刚刚听说一个很酷的速配活动,你和 10 个不同的人'约会'5 分钟,然后每个人会告诉你他们对你的印象以及如何改进。要不要和我一起报名参加?"

"斯宾塞,"我诚恳地回答,"我宁愿用黄油刀锯掉自己的腿。"

能否主动证明自己错了

一个星期一的早上,一位名叫贝萨尼·布鲁克希尔的记者坐在办公桌前查收电子邮件。有两位科学家回复了她的采访邀请。一位是女科学家,她在信中这样称呼布鲁克希尔:"亲爱的布鲁克希尔博士……"另一位是男科学家,他在信中称呼布鲁克希尔为:"亲爱的布鲁克希尔女士……"

"多么典型的性别偏见!"布鲁克希尔想。她在推特写下了以下内容,然后点击发送:

周一上午观察:

我的电子邮件签名栏是"博士"。但签名时我只写名字,不写"博士"。我给很多博士发电子邮件。

他们的回复是:

男士:"亲爱的贝萨尼。""你好,布鲁克希尔女士。"

女士:"嗨,布鲁克希尔博士。"

并非所有男士或女士都这么称呼我,但男女称呼我的方式具有明显差异。[12]

这条推特获得2300多人点赞。"这并不奇怪。"一位女士评论道。"肯定是偏见!"另一位写道。还有人说:"我也有同样的经历。"

然而，随着越来越多的人表示同意，布鲁克希尔开始变得不安起来。她的推文仅仅基于自己的粗略印象，也就是印象中男女科学家通常是如何回复自己的。她的收件箱里有全部数据。"我为什么不验证一下自己的观点？"她心想。

于是她查阅了所有旧邮件，统计数据后发现自己错了。在男性科学家中，有8%的人称她为"博士"，而在女性科学家中，有6%的人称她为"博士"。数据样本太少，无法从中得出可靠结论，但足以证明她最初的观点存在偏差。一周后，她跟进了原推文[13]，分享了自己的调查结果——"更新：我获取了这方面的数据。结果证明……我错了"。

需要注意的是，布鲁克希尔在此事件中观点有误，并不意味着科学界不存在性别偏见。这只是意味着在此案例中，布鲁克希尔有关偏见的观点有误。"我们都会因为某件事听起来是真的就表示认同。"布鲁克希尔在后续博客中写道，"在许多情况下，这件事很可能是真的，但我对电子邮件的印象是错的。"[14]

你曾经是否主动证明自己错了？比如，在网上发表意见前，决定先搜索不同观点，结果发现这些不同的观点很有说服力。再比如，你提出了一种新的工作方案，但在更仔细地统计数据后发现该方案不可行，于是改变了主意。

能否采取预防措施避免自欺欺人

20世纪的物理学中一个备受争议的问题是，宇宙膨胀是在加速还是在放缓。这个问题在一定程度上很重要，因为它告诉我们遥远的未来会是什么样子：如果膨胀在加速，那么所有存在的物质将相隔越来越远；如果膨胀放缓，那么所有物质最终将坍缩成一个紧密的物质团，就像逆向的大爆炸一样（这实际上被称为"大坍缩"）。

20世纪90年代，物理学家索尔·珀尔马特主持了超新星宇宙学项目，通过测量超新星或爆炸恒星发出的光来研究宇宙膨胀速度的变化。珀尔马特个人估计答案是"宇宙膨胀正在加速"，但他担心动机性推理会影响研究过程。他知道，即使是最善意的科学家也可能自欺欺人，最终在他们的研究数据中找到自己希望或期望的结果。

因此，为了客观，珀尔马特选择了盲分析。他使用一个计算机程序随机修改所有超新星数据，研究人员进行分析时并不知道随机值是多少。由于看不到原始数据，研究人员无法有意识或无意识地调整分析以获得他们想要的答案。只有当所有的分析都完成后，研究小组才能看到真实的研究结果——研究结果证实了"宇宙加速膨胀"理论。

珀尔马特打算在2015年以这一发现再次冲击诺贝尔物理学奖。他告诉记者，盲分析"从某种意义上说大大增加了工作量，但我认为它使我们的分析结果更可靠"。[15]

盲分析并非仅适用于测试诺贝尔奖级别的理论是否真实可靠，同样的原则也适用于我们普通的日常生活。试想一下，自己是否能够不带偏见地处理获得的信息？例如，你和爱人发生争执后让朋友来评理，为了不影响朋友的评判，你在描述争执时是否仅仅描述事实而不发表自己的评论？启动一个新的工作项目时，你是否提前规定了成功或失败的标准，以免日后根据工作进展随意改变标准？

受到批评时能否识别中肯的批评

1859 年，查尔斯·达尔文出版《物种起源》时，他知道这本书将犹如重磅炸弹引起巨大争议。他在书中提出了自然选择进化论，这一理论不仅让当时的人难以理解，而且近乎亵渎神明，因为它颠覆了人们的传统观念，即上帝赋予人类对动物王国的绝对统治。他对一位科学家同事说，为进化论辩护"就像承认谋杀一样"。[16]

这本书确实引发了一场批评大风暴，达尔文对此感到恼火，尽管他早已预料到这一天的到来。批评他的人对他的论点断章取义，要求他提供不切实际的证据，对他的反驳也站不住脚。达尔文在公共场合保持礼貌，但在私人信件中表达了自己的不满。他对一篇评论愤怒地回击道："欧文真的很恶毒。他歪曲并篡改了我说的话，非常不公平。"[17]

当然，边缘论的提出者通常会感到自己被主流社会不公平对待甚至排斥。但达尔文的情况还有些不同，他在众多的无良评论中发现了一些中肯的意见，他能看出这些人认真读了自己的著作，真正理解了他的理论，并且提出了合理的反驳。

在这些提出中肯意见的批评者中有一位名叫弗朗索瓦·朱

尔斯·皮克泰·德拉里夫的科学家。他在一本名为《雅典娜神庙》的文学杂志上发表了一篇关于《物种起源》的负面评论。达尔文对德拉里夫的评论印象深刻，于是给他写了一封信，感谢他准确地总结了自己这本书的论点，并称他的批评非常公正。"我真的同意你说的每一句话，"他告诉德拉里夫，"我完全承认，我没有解释所有的难点。我们之间唯一的区别是，我更重视解释事实，对难点的重视程度不够。"[18]

你可能会想起那些批评你的人，他们批评你的人生选择或坚定不移的信仰。比如，有人在枪支管制、死刑或堕胎等政治问题上与你观点相反；有人在气候变化、营养学或疫苗接种等科学问题上与你意见不同；还有人谴责你的工作行业，如科技或军队。

人们很容易将批评自己的人视为卑鄙、无知或不讲理。有些人可能确实是你想的那样，但不太可能所有人都是。那些批评你的信仰、职业或人生选择的人，你是否发现其中有些人很有思想（即使你认为他们是错的）？或者至少，你能否合理地解释为什么有人不同意你的观点（即使你不知道谁不同意）？

能够说出哪些批评有道理，愿意说"对方这次说的话在理"，或愿意承认自己错了——正是这些特征将真正关心真相的人与觉得自己关心真相的人区别开来。

但侦察兵思维的最大标志可能是：能否指出自己什么时候用了士兵思维思考问题。这听起来有点倒退，但是请记住，动机性推理是我们的自然状态。它普遍存在，人类大脑天生就有。

所以，如果你从来没有注意到自己在用士兵思维思考问题，有两个原因可以解释：一是你的大脑天生与其他人不同，二是你没有尽可能地了解自己。你觉得哪个原因更适合自己？

学会发现自己的偏见绝非易事。但如果你有合适的工具，这并非不可能。这就是接下来两章要讲的内容。

第 5 章

发现自己的偏见

要了解动机性推理到底有多隐秘,我们先来看一个小魔术。

魔术师经常使用的一个技巧,或一种操控形式叫强选。强选最简单的玩法是这样的:魔术师将两张牌面朝下放在你面前。为了魔术成功,他需要你选左边的牌。他说:"现在我们要移除其中一张牌,请选择。"

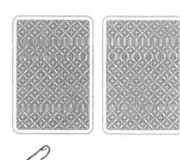

"好的,这张是你的。"   "好的,我们把这张拿走。"

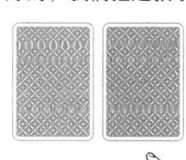

如果你指着左边的牌，他说："好的，这张是你的。"如果你指着右边的牌，他说："好的，我们把这张拿走。"无论哪种方式，你拿的牌都是左边这张牌，而且还感觉这张牌是自己选的。如果你能同时看到这两种情况，那就很容易看穿魔术师的把戏。但因为你只选一次，所以永远不会意识到这是魔术师的把戏。

强选就是你的大脑在悄悄地进行动机性推理，而你却觉得自己是客观的。比如，一位民主党官员对妻子不忠，可某位民主党选民依然给他投票，理由是"官员的私生活是他自己的私事，不能因为私事不给他投票"。然而，如果背叛妻子的官员是共和党人，这位民主党选民会认为"通奸是道德败坏的表现，说明他不适合执政"。

这位选民对同一种情况（通奸的官员）产生了两种截然不同的反应。如果他能将自己的这两种反应进行比较，就很容易发现动机对自己的影响。但因为他只看到自己的一种反应，因而从未意识到自己不够公正。

"通奸是道德败坏的表现。"　　　　"私生活是他自己的私事。"

对于以前从未思考过的问题，我们的大脑最容易玩强选的把戏，因为我们没有现成的原则来帮助自己做出更明智的选择，所以倾向的做法是哪个方便选哪个。对于通奸该如何判，每个人可能都有自己的想法，那我们就选一个其他例子：如果你被起诉并胜诉，起诉你的人是否应该为你支付法律费用？你可能和大多数人一样（85%，一项调查显示[1]）选择"是的"。毕竟，如果被诬告，为什么还要支付数千美元的律师费呢？那不公平。

然而，当把这个问题改成："如果你起诉他人并败诉，你应该支付他的费用吗？"只有44%的人同意支付，这是因为如果我们起诉他人并败诉，我们就会有其他说辞。例如，我们败诉了，仅仅是因为对方有钱，请了更好的律师。你们不能因为受害者承担不起败诉的费用，就阻止他们起诉，对吧，那样是不公平的。

关于"败诉者是否应该付费"，正方和反方都有一定的道理。但到底是该支持还是该反对取决于你是原告还是被告——我们可能永远都不会想到，如果自己换位思考，得到的答案将完全相反。

思维实验助力换位思考

仔细检查自己的推理然后得出结论说推理没问题，这样无法确定自己是否存在动机性推理。在检查自己的推理时，需要换个角度进行二次推理——一个动机完全不同的角度，然后将两种推理进行比较。比如，如果某位政客来自另一个政党，你对他的行为是否会做出不同的判断？如果提出建议的人是朋友而不是配偶，你对这个建议是否会做出不同的评价？如果某项研究的结论支持你的观点，你是否会改变主意，认为其研究方法合理？

当然，如果情况不同，我们无法确定自己会如何推理，因为我们不可能真正进入那个假设的世界，但至少我们可以通过思维实验来创建一个虚拟环境。

接下来，我们将探索五种不同类型的思维实验：双重标准测试、局外人测试、观点一致性测试、选择性怀疑测试和现状偏向测试。在做思维实验前，需要记住一个重要提示：一定要真正置身于那个假设的世界。为什么这一点很重要？我们来设想一个场景：一个 6 岁的孩子刚刚取笑了另一个孩子。他的母亲斥责他，并试图用一个古老的思维实验来告诉孩子为什么这么做不对："想象一下，如果你是比利，有人在你的朋友面前取笑你。你会有什么感觉？"

她的儿子立即回答："我不介意！"

很明显，这个孩子并没有真正将自己置于比利的立场，对吧？他只是说出了一个他认为正确的答案，一个意味着他没有做错任何事的答案。思维实验只有将自己真正置身其中才有效。所以，不要仅仅在口头上问自己一个问题，要真正设想出那个假设的世界，把自己置身其中，然后观察自己的反应。

这么做的区别有多大，你可能会难以置信。几年前我认识了一个法律系学生，我暂且叫她凯莎，她在法学院很不开心，也不想当律师，但她总是打消退学的念头。朋友问她："你留在法学院是因为不想让父母失望吗？如果他们不在乎，你会退学吗？""不，我留在法学院不是为了父母。那太不可思议了。"凯莎肯定地说。

她的朋友继续追问，问题更加具体："好吧，想象一下，明天，你的父母打电话给你说，'你知道吗，凯莎，我们一直在讨论这个问题，我们担心你在法学院不开心。我们只是想让你知道，我们不在乎你是否退学，我们只想让你做自己喜欢的事情'。"

凯莎意识到："如果那样，我会立刻从法学院退学。"

双重标准测试

丹（化名）曾就读于一所性别比例极不平衡的军校高中。班上大约有 30 名女生和 250 名男生。因为选择很多，女孩们只关注那些特别有魅力、运动型或迷人的男生。[2] 丹不属于任何女生关注的类型。他相貌平平，不善社交，丝毫不受女孩们关注。女生对他的无视让丹觉得很受伤，他因此认为所有女生都是"自命不凡的婊子"。

但有一天，一个思维实验改变了他的看法。他问自己："如果你是那些女孩，你难道不会和她们一样只选择帅气的男生?"答案很清楚。"是的,如果是那样,我肯定和帅哥约会。"他想道。这样的换位思考虽然没有立即给他带来约会机会,但让他能够更加平和地面对现状,也使他日后更容易与女性相处。

丹的思维实验就是"双重标准测试":"我对自己和对他人的评价标准是否一样?"双重标准测试既适用于个人,也适用于集体。事实上,双重标准测试最常见的形式你可能已经见过——某一对立党派的人对你生气地吼道:"哦,拜托,别再为你的候选人狡辩了!如果我们党内有人做了这种事,你会有什么反应?"

很少有人会问自己是否存在双标,但这么做的人也有。我印象深刻的一次是2009年的一场线上讨论,美国民主党打算废除参议院的冗长辩论权①。一位民主党人通过双重标准测试表达了反对意见:"我在想,如果我听说共和党总统乔治·W. 布什要在战争预算或类似性质的议案上取消冗长辩论,我会有什么反应。我完全不赞成。"3

以上案例都是用不公平的评价标准来评价他人或集体,其实双重标准测试也适用于反向的双重标准,即在完全相同的情况下,你对自己的评价要比对别人的评价更严苛。如果你因为在课堂上或会议上问了一个愚蠢的问题而自责不已,那就想象一下其他人也问了同样"愚蠢"的问题你的反应是什么,这有什么大不了的!

---

① 参议员可通过无限制演讲来阻挠或拖延议案投票,最终使议案胎死腹中。——译者注

局外人测试

据英特尔的联合创始人安迪·格鲁夫回忆，1985年上半年对英特尔来说是一段"严峻而令人沮丧"的时期。在此之前，英特尔一直专注于存储芯片生产并取得了蓬勃发展。但到1984年，它的日本竞争对手制造出了更快更好的芯片。

看着日本公司的市场占有率一路飙升，自己的市场份额却一落千丈，英特尔的高管们陷入了无休止的争论，商量下一步到底该怎么做。既然存储芯片市场已被人占领，英特尔是否应该尝试开发另一个市场？但内存是英特尔的身份标志。不做芯片，对公司来说就像违反了宗教教条。

在格鲁夫的回忆录《只有偏执狂才能生存》中，他描述了与联合创始人戈登·摩尔的一次对话，这次对话最终挽救了公司。

> 我们的心情很沮丧。我望向窗外，看着远处大美洲主题游乐园旋转着的摩天轮，然后转向戈登问道："如果我们被解聘，董事会请了一位新的CEO，你认为他会怎么做？"
>
> 戈登毫不犹豫地回答道："他会放弃内存生产。"我呆呆地望着他，说道："为什么我们不自己走出门，再回来，然后自己动手做？"[4]

就连外人都认为放弃曾经辉煌的存储芯片业务是显而易见

的选择。认识到这一点后,他们接下来该怎么做也就显而易见了。英特尔从此将重心从存储芯片转移到今天最知名的产品——微处理器,走出了 20 世纪 80 年代中期的低迷并迈向更大的辉煌。

格鲁夫和摩尔所做的思维实验就是局外人测试:想象其他人站在你的立场,他们会怎么做?在思考下一步该怎么做时,我们可能会受到某些情感因素的影响,从而难以做出决定,比如,"出现今天这个状况是我的错吗?"或者"如果我改变主意,人们会抨击我吗?"局外人测试旨在消除这些影响,让你以最纯粹的方式找到问题的最佳解决办法。

在局外人测试中,你也可以想象自己是局外人。比如,假设还有两年你就研究生毕业了,但你对自己的研究领域越来越不感兴趣。你曾想过退学,但一想到过去的两年将白白浪费,你又不甘心,于是一次次打消退学的念头,勉强自己坚持下去。

现在我们来进行局外人测试。想象一下,你神奇地穿越到这个名叫"你的名字"的人的世界中。你不用遵守这个人过去的决定,也不用证明这个人是对的。你只需要充分利用这个穿越的机会,就好像你在脖子上挂着一个牌子——"重新选择"。[5] 现在,你倾向于哪种选择:在研究生院再花两年时间完成学位,还是退学去做其他事情?[①]

[①] 这个思维实验更常见的形式是:"如果朋友面临相同的处境,你会对朋友说什么?"这么思考问题可能管用,但也存在一个问题,即你可能对朋友过于宽容。

观点一致性测试

小时候,我很崇拜表姐肖莎娜,她比我大两岁,在我眼里极其成熟老练。一年夏天,在一次家庭野营时,她跟我介绍了当时很流行的一个乐队组合——新街边男孩。我们坐在帐篷里,她用盒式磁带录音机播放着这个组合的最新专辑,说道:"哦,下一首歌是我最喜欢听的!"

歌曲结束后,她转向我,问我喜不喜欢。我热情地回答:"喜欢,太好了!我觉得这也是我的最爱。"

"你猜怎么着?"她说,"我最不喜欢这首歌。我就想看看你会不会附和我。"

当时我很尴尬,但现在回想起来,这个经历其实很有意义。当我说喜欢这首歌时,我确实认为这首歌比其他歌好听,我不觉得这么说是为了讨好表姐。但当表姐告诉我这是她耍的花招后,我立即感觉自己对这首歌的态度发生了变化,觉得它老土乏味,就好像有人突然打开了一盏更刺眼的灯,将这首歌的缺陷暴露无遗。[1]

现在,我经常用表姐的这个花招进行思维实验,来测试"我的"观点中有多少是自己真实的想法。当发现自己同意某

---

[1] 表姐估计和奥巴马总统碰过面,因为总统对他的顾问们也玩了类似的花招,也就是测试他人是否属于随声附和型:如果有人同意他的观点,奥巴马会假装自己改变了主意,不再相信这个观点,然后要求同意这个观点的人解释为什么同意。奥巴马说:"每个领导人都有优缺点,我的一个优点就是善于辨别真伪。"⁶

人的观点时，我会进行一致性测试：如果这个人告诉我，他不再持有这个观点，那我还会坚持这个观点吗？我会极力维护这个观点吗？

例如，在一个重要会议上，你的同事提出要招聘新员工。你点头表示同意："确实是，这样能省钱。"看上去你同意招聘新人，但稍等一下，先做个一致性测试。想象一下，这位同事突然说："各位，我只是随便说说。我未必认为我们现在应该招人。"

听到同事这么说，你还认为自己赞成招聘吗？

除了测试观点，一致性测试还可用来测试自己的喜好。我认识一位女士，年近30岁，正在考虑是否要孩子。她一直认为自己有一天也要当妈妈，但她是真的想当妈妈，还是仅仅为了随大溜？她进行了一致性测试："假设大多数人并不想要孩子，比如，只有大约30%的人想要孩子。我还会想当妈妈吗？"她意识到，如果大多数人不想生孩子，自己生孩子的欲望似乎就减少了许多。这个测试结果让她清楚地看到，自己要孩子的愿望并没有想象的那么迫切。

选择性怀疑测试

在写这本书的过程中，我偶然读到一篇论文，声称士兵思维可以让人们获得成功。"哦，得了吧！"我一边暗暗嘲笑，一边开始检查论文的研究方法是否有误。果然，这篇论文的研究设计漏洞百出。

然后，我勉强做了一个思维实验：如果这篇论文声称士兵思维会导致人们失败，我会有什么反应？

我想，如果是那样，我的反应将是："跟我想的一样。我可以在我的书里引用这篇论文，多好的例证！"这个假想的反应与我刚才现实中的反应居然差别这么大，这给我敲响了警钟，提醒我不要轻信那些碰巧有利于我的证据。为了写这本书，我收集了很多与我的观点一致的研究资料，并打算在本书中引用。这个思维实验促使我重新仔细检查这些文献的研究方法是否存在缺陷，就像检查那篇赞成士兵思维的论文一样（遗憾的是，果然有很多拟引用的研究不符合要求）。

我把这种思维实验称为选择性怀疑测试：如果这个证据支持反方的观点，你还觉得它可信吗？

假设有人批评你们公司做出的决定，你下意识的反应是，"他们不知道自己在说什么，因为他们不了解所有相关细节"。选择性怀疑测试是：如果这个人赞扬了公司的决定，你还认为只有掌握足够信息的内部人士才能发表建设性意见吗？

假设你是一名女权主义者，你读了一篇文章，文章抱怨女权主义者如何憎恨男人。为了证明自己的话，文章作者引用了一些你从未听说过的人的推文，如"所有男人都得被烧死！！！#女权#女权主义"。看完文章，你心想："得了吧！任何群体都有这种白痴或极端的个例，挑选这种极端的个例根本说明不了问题。"

选择性怀疑测试：如果这篇文章精心挑选的引语出自一个你不喜欢的群体（如保守派）[①]，你会有什么反应？你是否会基于同样的逻辑而拒绝这些证据，即一个群体中的个别极端例子并不能证明关于这个群体的任何问题？

现状偏向测试

我的朋友戴维和他的大学朋友住在家乡。他获得了去硅谷工作的机会，那是他梦寐以求的工作，但他却犹豫要不要去。毕竟，他和大学朋友们相处得很好，大家住得很近。为了一份更好的工作而放弃这一切真的值吗？

为此，他做了一个思维实验："假设我现在已经住在旧金山，从事着一份令人兴奋且收入丰厚的工作。我愿不愿意辞职回老家，回到大学朋友们身边？"

"不，我不愿意。"他意识到。

戴维的思维实验表明，他的选择很可能受到"现状偏向"的影响，也就是不管现状如何，都倾向于维持这个现状。人类为什么倾向于维持现状？一个权威解释是，人类害怕失去：失去的痛苦永远大于收获的快乐。所以人们不愿改变现状，因为即使这种改变整体来看会让我们变得更好，我们也更关注将要失去的东西，而不是将要获得的东西。

[①] 你可以把"女权主义者"和"保守派"换成任何两个更适合自己的群体。

我把戴维的思维实验称为现状偏向测试：如果你的现状发生了改变，你是否还会积极地选择恢复原状？如果不会，说明你对目前状况的偏爱更多的是因为想要维持现状，而不是因为现状本身有多好。①

现状偏向测试除了适用于个人生活选择，还适用于政策选择。2016年，当英国公民投票决定是否脱欧时，一位英国博主不知道自己该如何选择。最终，现状偏向测试帮她做了决定。她问自己："如果英国不是欧盟成员，我会投票加入吗？"对她来说，答案是否定的。②

每当我们拒绝社会变革时，我们都能以此为契机来检验自己是否倾向于维持现状，比如延长寿命这个问题。如果科学家能将人类寿命从大约85岁延长到170岁，那会是一件好事吗？我和很多人讨论过这个问题，但他们并不认为这是好事。他们认为："如果人类活那么长，社会发展将变得异常缓慢。只有老一代人消亡，才能为思想新颖的年青一代腾出空间。"

针对此，我们可以做这样的现状偏向测试：假设人类的自然寿命是170岁，现在基因突变将人类寿命缩短到85岁。你会感到高兴吗？如果不高兴，说明你可能并不真正认为人类应

---

① 精明的读者会注意到，现状偏向测试并不完全准确或客观，因为改变现状将产生额外的决策成本。但由于这只是一个思维实验，我们可以假定这个额外成本为零。
② 你可能会说，已经加入再申请退出和没有加入然后申请加入是有区别的。这确实是现状偏向测试中可能存在的差别。尽管如此，现状偏向测试有助于我们了解自己主要反对什么。

第 5 章
发现自己的偏见

该缩短寿命以加快社会变革。[7]

常见的思维实验

双重标准测试	你是否用不同的标准来评价两个不同的人（或团体）？
局外人测试	如果你是局外人，你会如何评估这一处境？
观点一致性测试	如果其他人不再坚持某一观点，你还会坚持这个观点吗？
选择性怀疑测试	如果某一证据支持反方的观点，你是否依然认为它可信？
现状偏向测试	如果现状发生改变，你是否依然积极选择原有现状？

思维实验并非神谕，不会告诉我们什么是真实的或公平的，也不会告诉我们应该如何决定。比如，民主党官员和共和党官员都对妻子不忠，如果我们对待民主党官员更宽容，说明我们有双重标准，但双重标准测试并不能告诉我们标准"应该"是什么。再比如，如果我们发现自己对改变现状感到不安，就可以决定这次不要冒险，稳定第一。

思维实验仅仅告诉我们，人们的推理随着动机的改变而改变。我们倾向于引用哪些原则或脑海中会闪现什么反对意见都取决于我们的动机，如捍卫自己的形象或团队中的地位，推行自利政策，以及害怕改变或拒绝。

发现自己的大脑在进行动机性推理的例子有很多，比如注意到某个实验中原来没发现的错误，或注意到自己的偏好会随着某些看似无关的细节的变化而发生变化。这样的发现会让我们意识到，自己最初的判断可能并非客观事实。这让我们从内心深处确信自己的推理偶然性太大，最初的判断只是探索的起点，而不是终点。

这就像侦察兵用望远镜仔细观察远处的一条河流，然后说："嗯，这条河看起来确实结冰了。我再找一个有利位置（不同的角度，不同的光线，不同的镜头）看一下，看看情况是否有所不同。"

第 6 章

你有多确定

2016 年的电影《星际迷航 3：超越星辰》中有一个片段[1]，柯克舰长驾驶着一艘宇宙飞船在天空急速飞驰，紧紧跟着三艘直冲城市中心的敌舰，这三艘敌舰要在市中心引爆超级武器。柯克的得力助手斯波克指挥官对他喊道："舰长，同时拦截三艘飞船是不可能的！"

"不可能"这个词听起来是那么权威和肯定。然而不到一分钟，柯克就想出了办法，成功绕到敌舰前面，在敌舰到达目的地之前用自己的舰体阻止了它们。

你如果以前看过很多部《星际迷航》系列电视或电影，对这一幕一定不会感到惊讶。斯波克的预测向来不准。在最初的《星际迷航》电视剧集中，我们经常看到斯波克被瞬间打脸的剧情，如某一集中，斯波克对柯克说："这个方法几乎不可能成功。"说完没多久，这个方法就奏效了。[2] 在另一集中，斯波克告诉柯克逃脱的概率"不到七千分之一"，可是很快他们就安然无恙地逃脱了。[3] 还有一集，斯波克刚说完"绝对不可能"找到幸存者，他们就发现了大量幸存者。[4]

我们喜欢确定

斯波克过于自信，也就是说，他经常高估自己判断的准确性。在这方面，斯波克与我们大多数人并没有什么不同（除了他比我们更在乎自己预测的客观性和"逻辑性"，这也是我为什么要以他为例来警醒大家）。我们经常说得好像自己永远不可能出错一样——"他不可能从那么远的地方射门"或"我肯定会在星期五之前完成"——然而，结果证明我们错了。

当然，有时候确定的表达仅仅是为了方便起见。如果每说一句话我们都必须停下来，对这句话的可能性进行界定，那我们的对话就无法顺畅进行。但即使有人真的打断我们，问我们到底有多确定，我们的回答也经常是"完全确定"。这点只要到网上搜"你有多确定"或"你有多自信"就能看到。以下是我从社交问答网站 Quora、雅虎问答、红迪和其他论坛找到的一些例子。

- 你确定外星存在智慧生命吗？"我百分之百确定存在其他

智慧生命。"[5]
- 你对实现2017年销售目标信心如何？"百分之百有信心。"[6]
- 无神论者，你有多大信心不会在临终前皈依基督教？"百分之百有信心。"[7]

即使是对自己的专业领域信心十足的专业人士也经常被现实打脸。例如，许多研究发现医生经常高估自己的诊断能力。有研究人员对一些死亡病例进行了尸体解剖，这些病例都是医生"百分之百"确诊的病例，结果尸检报告显示，其中40%的病例诊断错误。[8]

我们不但对自己的专业知识过于自信，对自己的观点甚至更加自信。我们会说"毫无疑问，美国人需要维持基本生活"，或者"很明显，互联网破坏了我们的注意力"，抑或"当然，这项法案将会带来灾难"。

并不是所有的过度自信都源于动机性推理。有时我们根本没有意识到问题的复杂性，因而低估了解决问题的难度。我们过度自信大都因为我们渴望确定性。我们很容易感到确定，因为确定让我们放松，让我们觉得自己既聪明又能干。

侦察兵的优点在于能够抵抗这种诱惑，不受最初判断的影响，不用非黑即白的眼光看待事物，能够从各个角度思考问题，将"95%确定"、"75%确定"和"55%确定"区分开来，这就是本章要学习的内容。

但我们先等一下，先来回答这个问题——为什么要量化自己的确定程度？

量化不确定性

在思考自己有多确定时，我们通常会问自己："我对此感到怀疑吗？"如果不怀疑，我们就会说"我百分之百确定"。

用这种方法来判断确定程度也无可厚非，但侦察兵不这么做。就侦察兵而言，对一件事的确定程度（确定值）是指自己的预判在多大程度上是准确的。想象一下，我们有好几个桶，每个桶代表一个确定值，然后把自己所有的观点或观念分装到这些桶中。这些观点包括日常的预测（"我会喜欢这家餐厅"）、对生活的笃信（"我的伴侣对我忠诚"）、普遍的观点（"吸烟导致癌症"），以及一些核心前提（"魔法是假的"）等。将某个观点放入"70%确定"的桶中意味着"我认为这个观点正确的概率是70%"。

我们为自己的观点标记不同的确定值，真正的目的是达到完美校准，即确定值等于实际正确率或实际发生率，也就是说，"50%确定"意味着某事的实际发生率为50%，"60%确定"意味着某事的实际发生率为60%，"70%确定"意味着某事的实际发生率为70%，以此类推。

完美校准是一种抽象的理想状态，现实中不可能真正实现。尽管如此，我们依然可以以此为基准来衡量自己的确定值。为了更好地理解什么是完美校准，我们再以斯波克为例，看看他的校准与完美校准之间的差距。

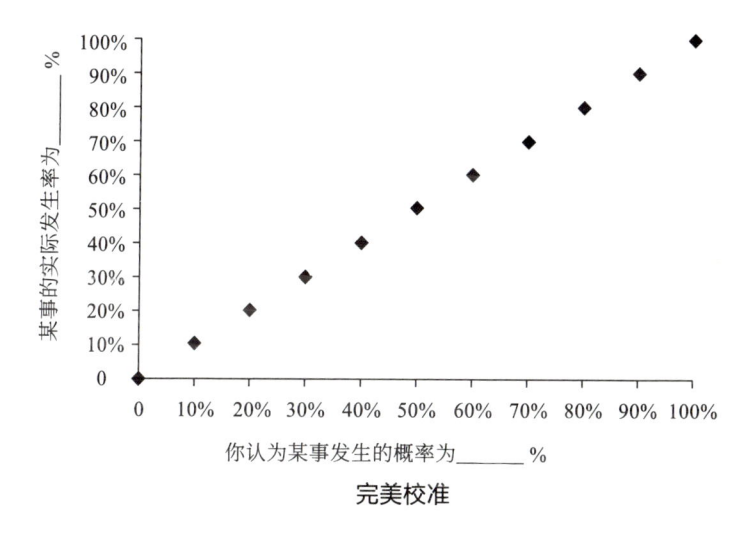

某事的实际发生率为_____%

你认为某事发生的概率为_____%

完美校准

我看了斯波克在《星际迷航：原初系列》《星际迷航：动画系列》和《星际迷航》系列电影中的所有出场场景，记录了他使用以下这些词语的次数：概率、百分比、偶尔、可能性、可能的、不可能的、或许、不太可能、很可能和未必可能。我发现斯波克一共进行了23次预测，每次预测都具有相应的确定值，预测结果有时与实际情况相符，有时不符。附录A记录了斯波克23次预测的全部细节，包括最终发生的实际情况，下面是对这些预测的分析总结。

当斯波克认为某事根本不可能发生时，其实际发生率是83%。

当斯波克认为某事极不可能发生时，其实际发生率是50%。

当斯波克认为某事不太可能发生时，其实际发生率是50%。

当斯波克认为某事有可能发生时，其实际发生率是80%。

当斯波克认为某事发生的可能性超过99.5%时，其实际发生率仅为17%。[9]

可以看到，斯波克的预测通常都不准。只有当他预测某事"可能发生"时，其确定值才与实际发生率相一致。除此之外，斯波克的预测都与现实呈反相关性——他认为某事发生的可能性越小，其实际发生的可能性就越大；他认为某事发生的可能性越大，其实际发生的可能性就越小。

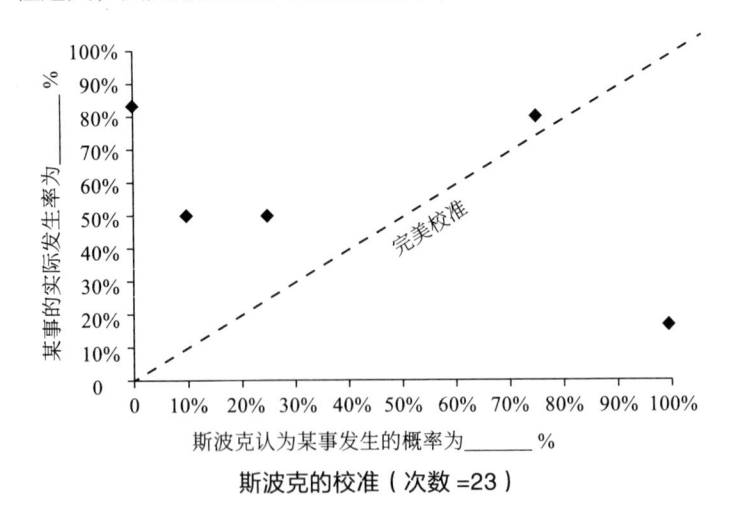

斯波克的校准（次数 =23）

想看看自己能否比斯波克做得更好吗？我们可以通过冷知识问答来测试自己的校准度，感受不同确定值之间的差异。这里提供40个问题供大家练习。我们不需要回答所有问题，但问题回答得越多，测试结果就越准确。

校准练习：圈选合适的答案

第一轮：以下关于动物的表述是真是假？	你有多确定（确定值）
1. 大象是世界上最大的哺乳动物（T/F）	55% 65% 75% 85% 95%
2. 海獭睡觉时有时会手拉手（T/F）	55% 65% 75% 85% 95%
3. 蜈蚣的腿比其他任何动物都多（T/F）	55% 65% 75% 85% 95%
4. 哺乳动物和恐龙曾在地球共存（T/F）	55% 65% 75% 85% 95%
5. 熊不会爬树（T/F）	55% 65% 75% 85% 95%
6. 骆驼的驼峰用于储水（T/F）	55% 65% 75% 85% 95%
7. 火烈鸟是粉红色的，因为它们吃虾（T/F）	55% 65% 75% 85% 95%
8. 大熊猫主要吃竹子（T/F）	55% 65% 75% 85% 95%
9. 鸭嘴兽是唯一产卵的哺乳动物（T/F）	55% 65% 75% 85% 95%
10. 骡子是公驴和母马的杂交后代（T/F）	55% 65% 75% 85% 95%
第二轮：哪个历史人物先出生？	55% 65% 75% 85% 95%
11. 是恺撒大帝还是孔子？	55% 65% 75% 85% 95%
12. 是古巴国父菲德尔·卡斯特罗还是圣雄甘地？	55% 65% 75% 85% 95%
13. 是纳尔逊·曼德拉还是安妮·弗兰克（《安妮日记》作者）？	55% 65% 75% 85% 95%
14. 是埃及艳后还是穆罕默德？	55% 65% 75% 85% 95%
15. 是威廉·莎士比亚还是圣女贞德？	55% 65% 75% 85% 95%
16. 是乔治·华盛顿还是孙子？	55% 65% 75% 85% 95%
17. 是成吉思汗还是达·芬奇？	55% 65% 75% 85% 95%
18. 是维多利亚女王还是卡尔·马克思？	55% 65% 75% 85% 95%
19. 是萨达姆·侯赛因还是玛丽莲·梦露？	55% 65% 75% 85% 95%
20. 是爱因斯坦还是毛泽东？	55% 65% 75% 85% 95%

(续表)

第三轮：2019年哪个国家的人口更多？	55% 65% 75% 85% 95%
21. 是德国还是法国？	55% 65% 75% 85% 95%
22. 是日本还是韩国？	55% 65% 75% 85% 95%
23. 是巴西还是阿根廷？	55% 65% 75% 85% 95%
24. 是埃及还是博茨瓦纳？	55% 65% 75% 85% 95%
25. 是墨西哥还是危地马拉？	55% 65% 75% 85% 95%
26. 是巴拿马还是伯利兹？	55% 65% 75% 85% 95%
27. 是牙买加还是海地？	55% 65% 75% 85% 95%
28. 是希腊还是挪威？	55% 65% 75% 85% 95%
29. 是中国还是印度？	55% 65% 75% 85% 95%
30. 是伊拉克还是伊朗？	55% 65% 75% 85% 95%
第四轮：这些科学"事实"是真是假？	55% 65% 75% 85% 95%
31. 火星和地球一样只有一个"月亮"（T/F）	55% 65% 75% 85% 95%
32. 缺乏维生素C导致坏血病（维生素C缺乏症）（T/F）	55% 65% 75% 85% 95%
33. 黄铜由铁和铜制成（T/F）	55% 65% 75% 85% 95%
34. 一汤匙的油比一汤匙的黄油含有更多的卡路里（T/F）	55% 65% 75% 85% 95%
35. 氦是最轻的元素（T/F）	55% 65% 75% 85% 95%
36. 普通感冒是由细菌引起的（T/F）	55% 65% 75% 85% 95%
37. 地球上最深的地方是太平洋（T/F）	55% 65% 75% 85% 95%
38. 地球在椭圆轨道上绕太阳公转产生四季交替（T/F）	55% 65% 75% 85% 95%
39. 木星是太阳系中最大的行星（T/F）	55% 65% 75% 85% 95%
40. 固体中的原子比气体中的原子更密集（T/F）	55% 65% 75% 85% 95%

在每个问题旁边圈出你的答案，然后选择自己对这个答案的确定值，即你对这个答案有多确定。所有问题只有两个选项，因此确定值的范围是50%~100%——对于毫无头绪的问题（如只能通过抛硬币来决定答案），确定值就是50%；对于很有把握，认为自己不可能出错的问题，确定值就是100%。为简

单起见，我列出了位于这两个极端之间的确定值：55%、65%、75%、85% 和 95%，大家只需圈出最符合自己情况的确定值即可。

在做这个测试时，我们会发现对于不同的问题，我们的确定值不尽相同。有些问题我们可能感觉很简单，对答案很有把握，而有些问题我们可能感觉很陌生，只能说"我不知道"。不知道没关系，因为测试的目的不是学习知识，而是要了解自己知道多少。

问题答完后开始计算正确率。对照附录 B 的答案，看看自己哪些题答对了，哪些题答错了。然后，将所有问题按照确定值大小归档，一个确定值为一档，计算每档的答题正确率。例如，假设确定值为 55% 的问题一共有 10 道，你答对了 6 道，那么 55% 这档的答题正确率就是 6/10=60%。

测试结果

确定值	答对的次数（A）	答错的次数（B）	答题正确率 =A/(A+B)
55%			
65%			
75%			
85%			
95%			

计算完所有确定值（55%、65%、75%、85%、95%）的答题正确率后，在下面的坐标图中根据确定值（横轴）和正确率（纵轴）标出 5 个点的位置，就能直观地看到自己的校准

度——5个点的位置越靠近虚线（完美校准），你的校准就越好。

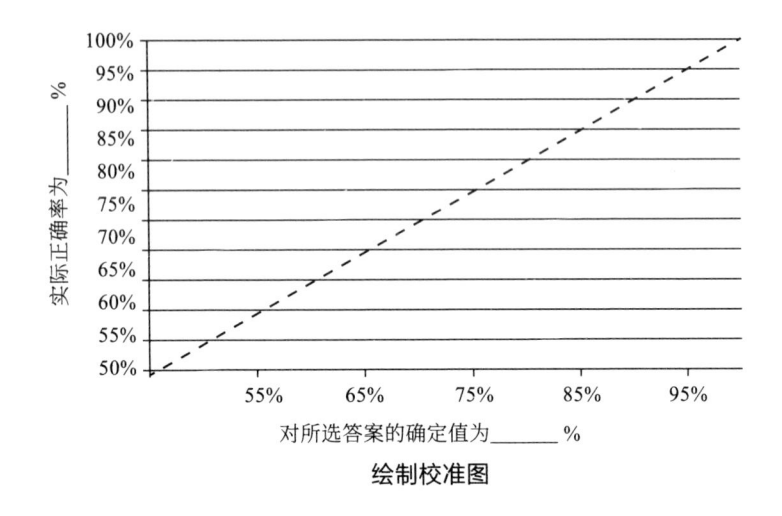

绘制校准图

令人高兴的是，校准是一项能够快速掌握的技能。大多数人只需要几个小时的练习就可以很好地校准——至少在某一领域内，比如冷知识测试[10]［某一领域的校准技能可以部分（不是完全）运用于其他领域］。

通过打赌帮助我们了解自己到底有多确定

想象一下，你有一位朋友正努力创业做餐饮。你安慰他说："你已经做得很好了！现在生意不好，是因为你刚起步。万事开头难啊！"

他说："谢谢！你能这么说，我很高兴。能不能把我的餐馆推荐给你的同事？"

你顿时感到很犹豫。你想起他曾提到自己在最后一刻放弃……你也从未真正尝过他的厨艺……你忍不住问自己："我到底有多确定他能做好？"

刚才在安慰朋友的时候，你并没有撒谎。你只是没有思考自己真正相信什么，因为这似乎并不重要。但一旦存在实际利害关系，比如虚抬朋友的烹饪技术会影响你的声誉，你的目标就会从"支持鼓励"变成"一定要尽力得到正确答案"。

演化心理学家罗伯特·库兹班以公司董事会和新闻秘书的不同作用为例，通过类比对这两种目标模式进行了阐释。[11] 公司董事会主要负责公司的重大决策——如何使用预算、承担哪些风险、何时改变战略等。公司新闻秘书主要负责介绍公司的价值观、使命和决策背后的原因。

如果竞争对手开始获得市场份额，公司新闻秘书可能会对外宣称："我们不担心。30年来我们的品牌一直是美国人民的最爱，这一点不会改变。"然而，如果你参加董事会会议，你可能会发现，董事会正严阵以待，积极寻找削减成本的办法。

假设该公司销售牙膏，新闻秘书可能会自信地宣称："我们的牙膏比市场上任何其他品牌的牙膏都更能美白牙齿。"但董事会的做法可能不一样。我们假设一位牙科教授与董事会联系，说："我想做一项研究，让不同的受试组随机使用某一领先品牌的牙膏，但不告诉他们品牌名称，实验结束后我会测量他们的牙齿变白了多少，然后公布我的研究结果。"

如果董事会真的相信自己的牙膏效果最好，他们会说：

"太好了，这是一个好机会，能向公众证明我们是最好的！"但是，尽管新闻秘书对外宣称自己的品牌是最棒的，董事会可能依然决定不要参加这项研究，以避免失败的尴尬，因为他们对赢得这场竞赛没有足够的信心。

新闻秘书不考虑什么是真的。他考虑的是怎么说才能让公司以最好的形象示人，同时听起来至少还有点道理。而董事会关心的是如何做出最佳预测。预测对了，公司就会兴旺；预测错了，公司就会蒙受损失。也就是说，新闻秘书负责宣传，董事会负责打赌。

"打赌"这个词可能让人联想起赛马和扑克牌桌，但这个词的含义要广泛得多。任何一个让你得到或失去心爱之物的决定都是打赌，这个心爱之物可以是金钱、健康、时间或声誉（如刚才做餐饮的例子中，推荐朋友的餐馆可能导致你的声誉受损）。因此，当你不知道自己到底有多确定时，问自己这个问题："当有利害关系时，我该怎么赌？"不要问："我这种想法恰当吗？"这样才能得到更靠谱的答案。

我做的某个项目有时似乎希望渺茫。比如，我们凭空想象一下这个情境——"我正在写的这本书很糟糕，我应该放弃。"我对自己说道。但我不确定是不是因为一时的焦虑才出现这种想法。我的"新闻秘书"坚持认为，我非常确定那不是一时的焦虑。现在不要管"新闻秘书"怎么说，先问问我的"董事会"："如果你能正确猜测一周后自己对这本书的看法，你将赢得 1000 美元。这时你会怎么打赌？"

因为涉及钱，我开始犹豫了。我想起过去我曾多次对自己的书或其他项目感到悲观，但悲观的乌云通常一两天后就会消散。因此，这次我应该赌"一周后我的感觉可能会好一些"。通过这个练习，我的负面情绪虽然不会奇迹般地消失，但确实能得到缓解。这证明了即使我感觉负面情绪会一直持续下去，我也不愿意赌自己会持续受负面情绪影响，这种积极的暗示对我很有帮助。

关于如何打赌有一个小技巧：通过一个假设检验来证明自己是对是错，这样可以更具体地了解自己的想法或观点。例如，你打赌"我们的计算机服务器高度安全"，怎么判断自己能否赌赢呢？假设检验可以这样做：假设你雇用黑客入侵你的系统，如果黑客入侵成功，你将失去一个月的工资。这时，你觉得自己赌赢的把握有多大？

再举一个例子：你和伴侣吵架了，你认为"我有理，对方没理"，假设检验可以这么做：让客观的第三方来评理，他在了解所有吵架细节后若判定你有理，你将获得1000美元；否则，你将损失1000美元。这时，你觉得自己赢的概率有多大？

等值打赌测试

上一节中的打赌案例帮助我们定性分析自己的确定程度——我们是毫不犹豫地打这个赌，还是有点迟疑甚至犹豫不决要不要打赌？我们的反应——犹豫或毫不犹豫，代表了我们对某一观点的确定程度。

除了定性分析，衡量不同的打赌选择能帮助我们量化自己的确定程度。例如，有人雄心勃勃地预测："自动驾驶汽车将在一年内上市！"听到这句话，我的第一反应常常是嗤之以鼻："嗯，这不可能。"但我有多确定这不可能呢？为了回答这个问题，我采用了"等值打赌测试"法，这是我从决策专家道格拉斯·哈伯德改编而来的方法。[12] 就这个例子而言，我有两种打赌选择：一是赌自动驾驶汽车——如果自动驾驶汽车能在一年内上市，我将获得一万美元；二是"赌球"——盒子里有四个球，其中一个是灰色球，我在看不见球的情况下随机从盒子里抓取一个球，如果球是灰色的，我将赢得一万美元。①

赌球（1/4 的中奖机会）	赌自动驾驶汽车
盒子里有四个球，其中一个是灰色球。如果我能抓取到灰色球，我将赢得一万美元	如果自动驾驶汽车一年内上市，我将赢得一万美元

我该选哪个？犹豫片刻后我选择了赌球。赢得赌球的概率是 1/4（25%），我选择赌球说明我对自动驾驶汽车一年内上市的信心不到 25%。

---

① 由于赌自动驾驶汽车需要等一年才能获得奖金，为了公平起见，赌球的奖金也必须是一年内付清，这样我就不会因为立即支付的诱惑而选择赌球。

现在我们试着降低赌球中奖的概率。假设这个盒子里有16个球，其中只有一个是灰色的。我该选哪个：是赌抓到灰球还是赌自动驾驶汽车年内上市？

赌球（1/16 的中奖机会）	赌自动驾驶汽车
盒子里有16个球，其中一个是灰色球。如果我能抓到灰色球，我将赢得一万美元	如果自动驾驶汽车一年内上市，我将赢得一万美元

这次，我倾向选择自动驾驶汽车。毕竟，技术进步有时会让我们惊讶。也许某一自动驾驶技术公司已经发展得远超我们的想象。所以，尽管可能性不大，我依然愿意赌自动驾驶汽车，因为我不相信自己有那么好的运气能抓到灰球。抓到灰球的概率是1/16（约6%），我放弃赌球选择自动驾驶汽车，说明我对自动驾驶汽车一年内上市的信心超过6%。

1/16 的概率太低了，如果把赢球的概率调高到 1/9，我会赌哪个？

赌球（1/9 的中奖机会）	赌自动驾驶汽车
盒子里有9个球，其中一个是灰色球。如果我能抓到灰色球，我将赢得一万美元	如果自动驾驶汽车一年内上市，我将赢得一万美元

嗯……这太难选择了。两种情况的概率差不多，我觉得选

哪个都一样，也就是说，我对两件事的确定程度相等。赢球的概率是 1/9（约 11%），意味着我对自动驾驶汽车年内上市的确定程度约为 11%。尽管我依然认为"自动驾驶汽车将在年内上市"不太可能，但"等值打赌测试"让我的反应从张嘴就来的"这不可能"变成一个更客观的判断。

第 5 章的思维实验的核心是发展自我意识，认识到自己的判断具有偶然性——当我们的大脑改变某些本不相关的特征后，看似真实、合理、公平或可取的事情也会随之改变。第 5 章讨论的五大思维实验都是我和其他人经常使用的有用工具。但更重要的是，对于大脑里冒出来的想法，我们要根本改变原有的动机性推理方式。

本章也有一个核心技能：能够辨别"发表观点"和"尽力得到正确答案"之间的区别。"发表观点"就像你的新闻秘书在演说，脱口而出，干净利索，有时甚至有点匆忙，像要掩盖什么。其心理活动是宣称、宣告、坚持，或者嘲笑。

"尽力得到正确答案"就像董事会在思考如何打赌。至少有一两秒钟，你不知道自己最后会得出什么答案。就像我们眯起眼睛，努力看清证据，然后总结看到的东西。其心理活动是估计、预测、权衡和思考。

量化不确定性、校准确定值和进行打赌假设都是重要技能。但比这些技能更重要的是，能否意识到自己正竭尽所能客观地描述事实。

第三部分

抛弃幻想,不断进步

第 7 章

应对现实

1981 年,史蒂文·卡拉汉独自驾驶帆船横渡大西洋,途中遭遇暴风雨,帆船开始下沉,他立即伸展救生筏,成功逃离了沉船。但他身处大西洋偏远地带,远离航道,几乎没有水和食物,所以生存机会非常渺茫。卡拉汉唯一能做的就是启程前往最近的陆地——1800 英里[①]外的加勒比群岛。

海上漂流的生活异常艰苦。鲨鱼在救生筏四周游弋,翻腾的海浪猛烈摇晃着救生筏,溅起的海水打湿了全身,卡拉汉浑身发抖,身上的脓疮被海水侵蚀,火辣辣地痛。

幸运的是,卡拉汉有捕鱼枪可以用来抓鱼,还自制了一个

---

① 1 英里 ≈ 1.6 千米。——编者注

收集雨水的装置，生命得以维持下去。他计算着每天最多能喝多少水——约250毫升，也就是每6个小时只能喝一口水，勉强维系生命。为了不偏离航道，他隔一段时间就进行定位，确定自己的位置，记录导航中可能出现的误差，估算自己的航行距离。[1]

每天他都面临着各种艰难的决定。比如，晚上要不要睡觉。如果睡觉，他可能错过来往的船只，但不睡觉意味着水和能量储备的快速消耗，白天也更难保持清醒。

当看到船只经过时，他又面临着是否要用信号枪的决定。如果发出的信号能被对方看到，那也值了。但如果船离得太远，那将浪费他所剩无几的信号弹。

还有要不要捕鱼的问题。如果不捕鱼，就没有食物。但每次捕鱼都会耗尽体能，还有可能丢失捕鱼枪或损坏救生筏。

每次做决定时，卡拉汉都会在心里盘算可能的结果，权衡每种选择的风险。一切都是未知的，只能靠赌。"你正在尽你所能，且只能尽你所能。"他念咒般不断告诉自己。[2]

卡拉汉日复一日地以每小时8英里的速度漂流，体重减轻了1/3以上，最后在瓜德罗普岛海岸被一艘渔船发现并获救。从船沉到获救，他已经在海上漂流了整整76天。

卡拉汉用水很节制，获救时还剩下2.5升水。他一口接一口地喝，被饥渴折磨11周后，他终于可以尽情喝水了，此刻他终于如释重负："我得救了。"

侦察兵思维

远离绝望

人类最基本的需求之一是感觉一切良好：我不是失败者；世界并不可怕；无论生活带来什么，我都能应付。这个需求在生死攸关的情况下尤其难以满足。因此，大多数人在发生紧急情况时会依赖各种形式的动机性推理，如矢口否认、一厢情愿和为自己找理由。

极具讽刺的是，越是紧急情况，你越需要清醒。卡拉汉在 76 天的漂流过程中做出了一个又一个艰难的判断，例如，每天最多能消耗多少食物和水，被来往船只发现的概率有多大，每个选择的风险等级是多少。我们越依赖动机性推理，就越不可能做出合理判断。船沉之后，卡拉汉分析着眼前的新情况，意识到自己不能自欺欺人。"我经常欺骗自己，有时还会欺骗别人，但大自然不是傻瓜。"他告诉自己，"有时候我犯了一些无关紧要的错误，很幸运得到了原谅，但是现在我不能依靠运气。"[3]

卡拉汉之所以能够坚持到最后，不是因为他对恐惧或沮丧刀枪不入。他和其他所有处于绝境的人一样，也要努力防止自己陷入绝望。他想尽办法让自己远离绝望，同时客观分析现实，最终得以逃出生天。他很知足，至少庆幸自己有先见之明，在购船时将随船附赠的小救生筏换成大救生筏，否则后果不堪设想。

他一直提醒自己，要尽一切可能（"你正在尽你所能，且只能尽你所能")。

如何缓解对死亡的恐惧？卡拉汉的方法不是否认死亡，而是接受死亡。他决定好好利用剩下的时间，为未来的海员写一份求生指南。"就算我死了，人们也能在救生筏上找到我写的指南，"他想，"它也许能帮助某些人，尤其是那些和我身处相同境地的航海人。这是我能做的最后一件事。"[4]

诚实的应对方式与自欺欺人的应对方式

值得庆幸的是，日常生活中我们一般不会面临这么高的风险。但是，即使我们很少遭遇生命威胁，我们的情绪和自尊也经常受到影响，需要合理应对。比如，我们总有这样或那样的担忧："辞职是对还是错？""我得罪他了吗？"有时候我们受到批评，或者面临一个不愉快的选择，抑或搞砸了某件事。这时候我们需要采取某些应对措施来抑制负面情绪。

人们通常认为自欺欺人是很好的应对方法，专家也不例外。在《错不在我》这本书中，心理学家卡罗尔·塔佛瑞斯和埃利奥特·阿伦森阐述了自我辩解，即事情发生后努力相信自己是对的，这是一种动机性推理。这本书主要讨论了自我辩解带来的众多坏处，如让我们坚持错误的决定，而不是改变方向，及时止损；让我们不断犯相同的错误，而不是从中吸取教训。然而，塔佛瑞斯和阿伦森总结说，偶尔的自我辩解有助于心理健康："自我辩解能让我们快速摆脱尴尬。当我们懊恼自己没有做出正确选择，或责怪自己在选择的道路上表现糟糕时，自我辩解能帮助我们走出悔恨的阴影。"[5]

但是，我们真的需要用自我辩解来摆脱悔恨吗？难道我们不能……学会不要用后悔折磨自己？

在《思考，快与慢》一书中，诺贝尔经济学奖得主、心理学家丹尼尔·卡尼曼指出了动机性推理的一个情感收益：迅速恢复。如果我们把失败归咎于他人，就很容易从失败中恢复过来。他举了一个上门推销的例子，推销员可能一次又一次地被人拒之门外："愤怒的家庭主妇砰的一声把门关上，推销员吃了个闭门羹，这时他肯定会说'这女人真粗鲁'，他不会说'我真无能'。"[6]

但我们真的只有责备他人或责备自己这两种选择吗？当然不是，我们可以对自己说："嗯，我没推销成功，但每个人都会犯错。"或者说："嗯，我没推销成功，不过，我比原来进步了。过去我每天都被人拒之门外，现在一周才一次！"我们完全可以找到一种从挫折中恢复过来的方法，一种诚实的应对方法，这种方法不需要我们将挫折归咎于他人。查尔斯·达尔文就是一个很好的例子。他患有严重的焦虑症，当《物种起源》受到猛烈抨击时，他的焦虑症加重了。（他在给朋友的一封信中对朋友抱怨道："我今天很不舒服，很愚蠢，我恨所有人，恨所有事。"）[7]但对达尔文来说，不自欺欺人，正视中肯的批评或自己的错误非常重要。与卡拉汉一样，达尔文不断对自己说："我在倾尽全力！"这种真实的想法给予了他力量和安慰：

每当我发现自己做错了，或者工作不完美，抑或受到轻蔑的批评或谬赞时，我就会感到羞愧。这时，我最大的安慰就是无数遍地对自己说："我已经竭尽全力努力工作，没有人比我更努力。"[8]

侦察兵也会感到恐惧、焦虑、不安全、绝望，或任何其他导致动机性推理的情绪。他们也和其他人一样依赖应对策略，但他们会确保所选的应对策略不会影响判断的准确性。

我们可以想象把所有可能的应对策略，即所有可以避免负面情绪的方法，放进一个大桶。有些策略就是自欺欺人，例如否认问题的存在或找个替罪羊担责。有些策略则是告诉自己实情，比如"我过去成功地处理过这样的问题"。还有一些应对策略根本不涉及判断（因此不属于自欺欺人），比如深呼吸和数到 10。

当某种负面情绪袭来时，我们赶紧把手伸进桶里去抓一个策略，不管抓到什么，只要让自己感觉好些就行。我们不太关注抓出来的是什么策略，也不管这个策略是否涉及自欺欺人。只要能让我们感觉好些，而且貌似合理，这个策略就可取。

我的建议是，桶里有很多应对策略，不用着急采纳第一个抓出来的策略。如果在桶里再翻找一会儿，我们总能找到自我安慰的策略，而且不需要自欺欺人。下面是几个最常见的应对策略。

一"桶"应对策略

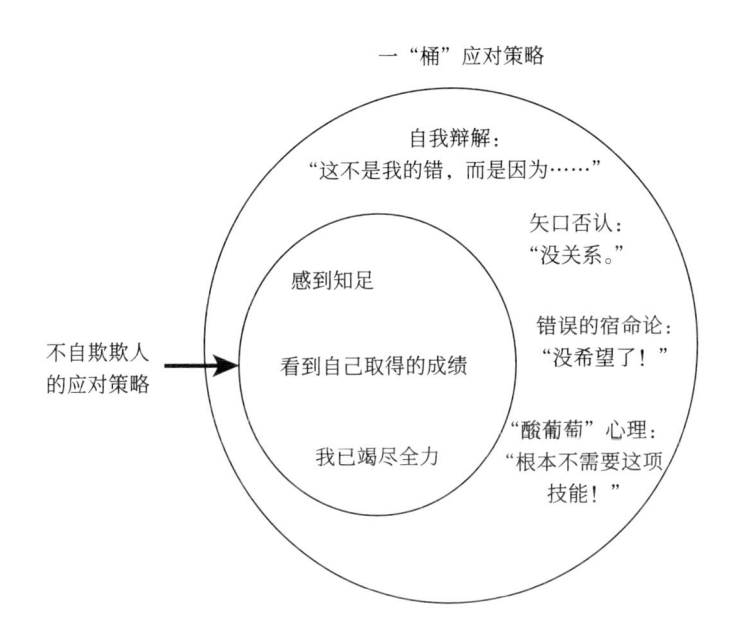

自我辩解：
"这不是我的错，而是因为……"

矢口否认：
"没关系。"

感到知足

不自欺欺人
的应对策略 → 看到自己取得的成绩

错误的宿命论：
"没希望了！"

我已竭尽全力

"酸葡萄"心理：
"根本不需要这项技能！"

制订计划

电视剧《办公室》中有一集的情节是，笨拙的地区经理迈克尔·斯科特接到上级通知，必须在月底前解雇一名员工。迈克尔不愿做这种让员工讨厌的事，所以不断拖延。当月的最后一天，只剩下几个小时了，他还没有决定解雇谁。对于迈克尔的拖拉不作为，办公室的一位销售人员古姆·哈尔伯特讽刺道："我估计他一直希望有人主动辞职，或者在截止日期前有人被公交车撞死。"[9]

如何应对不愉快的事情？自欺欺人的方式是，找个理由不去做这件事，或者像迈克尔·斯科特那样直接否认其存在。但我们也有诚实的应对策略,比如提出假设性计划。

有一次我对朋友不够体谅,我感到很内疚,整整一周时间都在为自己的行为找理由。我在想到底要不要跟朋友道歉。"不,没那必要,他可能根本没注意到。"有时我这么想;有时我又想:"他可能已经原谅我了。"显然,这两个理由自相矛盾,不能让我信服,所以我一直在纠结该怎么做。

最后,我问自己:"好吧,假设我必须道歉,该怎么道歉?"没过多久,我就在脑海中草拟了一个大致的道歉计划。这样一来,我道歉的时候就不会太紧张了。我想象朋友在听到我的道歉后的反应,我觉得他不会生气,会欣然接受我的道歉。这么一番计划下来,我感觉道歉没有那么可怕了,于是再次问自己:"我应该道歉吗?"现在答案清楚多了:"是的,我应该。"

事情发生后,如果我们能制订具体的应对计划,我们就不会盲目下结论说"那不是真的"。计划不需要太详细。即使是一个简单的计划,比如"关于失败的原因,我会向团队这么解释……"或者"我打算这样开始寻找新的工作……"也大大有助于我们认识到,应对现实不需要否认或无视现实。

关注阳光的一面

有时在与他人辩论时,我开始偷偷怀疑自己可能错了。很多人认为这可不行,为了保住面子,一定要赶走这种想法。

但我告诉自己，承认错误有积极的一面：承认自己错了会为我赢得荣誉。将来别人会更信任我，因为我已经证明，我不会为了面子而固执己见。今天承认错误就是在对未来增强说服力进行投资。

任何事情都有阳光或积极的一面：失去工作意味着终于不必忍受讨厌的同事；糟糕的约会意味着茶余饭后的谈资多了一个有趣的故事；犯错意味着可以从错误中吸取教训，避免日后犯类似的错误。

记住，关注事物阳光的一面并不是让自己相信不幸其实是件好事。找阳光的一面和"甜柠檬"心理不一样。看到乌云背后的阳光，不是说服自己乌云不存在。很多时候，我们需要关注到乌云背后的阳光，这样才能更好地接受乌云般的现实。

重新定位目标

我的朋友乔恩与人共同创办了一家软件公司。创业之初，他花了很多时间招聘和面试新员工。很快有件事让他感到不安：能遇到对公司职位感兴趣的优秀程序员，他本应该感到高兴，毕竟优秀的程序员对新软件公司的成功至关重要。但乔恩却丝毫高兴不起来，他感到失望甚至嫉妒。他会仔细检查应聘人员的履历，希望找到拒招的理由。

反思自己的行为后，乔恩意识到：我一直为自己是公司最优秀的程序员感到骄傲。为了维护自尊，他才会有意诋毁"竞争对手"。

乔恩知道,自己成为公司最好的程序员是不现实的,对刚刚起步的公司来说也极为不利。因此,他决定重新定位自己的目标:与其成为一名优秀的程序员,不如成为发现优秀程序员的伯乐。目标的重新定位有助于公司招到优秀人才。

事情可能会更糟

1993年夏天被称为"艾滋病(HIV)治疗史上最令人失望的时刻"。[10]过去几年,绝望的艾滋病患者将希望寄托在一种名为叠氮胸苷(AZT)的新药上,认为这个药能减缓发病进程。美国早期临床试验表明AZT是治疗艾滋病的曙光。

然而,某欧洲研究小组对艾滋病病毒感染者进行了为期3年的随访研究后,于1993年公布了令人绝望的研究结果,数据显示:AZT的效果并不比安慰剂好。研究周期内,AZT组患者的存活率为92%,而安慰剂对照组患者的存活率为93%。

更糟糕的是,没有其他药物可供选择。早期试验表明AZT似乎有效后,政府停止了替代药物的研发。许多艾滋病活动家放弃了斗争,许多患者陷入绝望——AZT的虚假曙光是他们坚持下去的唯一希望。

但并不是每个人都愿意放弃。在关于艾滋病危机的历史纪录片《瘟疫求生指南》中,导演戴维·弗朗斯记录了一群艾滋病活动家的斗争行动。他们组成"治疗行动组",密切关注药物测试过程,但最后发现立即找到有效药物的可能性微乎其微。1993年夏天,听到AZT的坏消息后,他们感到失望,但并没有崩溃。

"治疗行动组"中大多数活动家都是HIV阳性感染者。在知道治愈机会微乎其微后,他们是如何保持乐观的?在某种程度上,他们的乐观来自内心的感激,他们感恩有些事没有变得更糟糕。1993年夏天得知那个令人沮丧的消息后,艾滋病活动家举行了一次会议,弗朗斯在影片中记录了这次会议的实况,一位名叫彼得·斯特利的活动家在会上说:

> 也许这就是我们的未来,我们会看着彼此死去。如果真是这样,那真的很糟糕。事已至此,我们无力改变……我只是……你知道,我真的很高兴有人陪着我。没有多少人死的时候有人陪。[11]

"治疗行动组"面对残酷的事实,依然保持积极的态度,这点非常重要,这个优点让他们在接下来的几个月里终于迎来转机,第14章将继续讲述他们的故事。

研究真的表明自欺欺人让人更快乐吗?

过去30年出版或发表了很多关于自欺欺人的图书或文章,也许你也看过,比如,《为什么自欺欺人有益健康》(*Why Self-Deception Can Be Healthy for You*)[12],《唯有相信,才有可能》

(*Kidding Ourselves: The Hidden Power of Self Deception*)[13]，《抑郁的人看世界更客观——乐天派可能戴着玫瑰色眼镜看世界》(*Depressed People See the World More Realistically— And Happy People Just Might Be Slightly Delusional*)[14]。这些图书和文章涉及心理学下的一个流行分支，该分支主张只有对自己、对生活抱有"积极幻想"，才能心理健康。

然而，在你把我的书扔出窗外，开始试图通过自欺欺人的方式获得幸福之前，先仔细看看华盛顿大学心理学教授乔纳森·布朗做的一项研究。这是该领域的一项典型研究，我将他的研究方法总结如下，大家一起来看看。[15]

1. 布朗让受试者就一些积极品质给自己打分，比如，和同辈人相比，自己是否更有责任心、是否更聪明等。

2. 布朗发现，高自尊的人一般都认为自己在这些积极品质上优于平均水平。

3. 因此，布朗得出结论，心理健康与"高估自己"有关。

你发现其中的问题了吗？

首先，布朗并不知道受试者对自己的评价是否准确。他认定，只要有人声称自己高于平均水平，就一定是"高估自己"。但事实上，就某个品质而言，很多人确实高于平均水平——有些人比一般人更负责，有些人比一般人更聪明，等等。因此，应该这样总结研究结果："具有许多积极品质的人往往具有高自尊。"[16] 这个研究根本没必要提及"高估自己"。

在没有任何客观现实标准可以参照的情况下，将人们的观点视为"偏见"或"幻想",是自欺欺人研究中普遍存在的问题。1988 年,乔纳森·布朗与加州大学洛杉矶分校心理学教授谢利·泰勒合作发表了《幻想与幸福:心理健康的社会心理学视角》(Illusion and Well-being: A Social Psychological Perspective on Mental Health)。这篇论文综述了积极幻想的原因,是心理学研究中引用最多的一篇论文。你读过的关于自欺欺人好处的文章或图书,都有可能引用了此文。稍加阅读这篇文章,就会发现该分支领域将积极幻想和积极信念混为一谈。下面是一段示例:

> 积极幻想与幸福感紧密相关。拥有高度自尊和自信的人、对生活具有高度掌控感的人,以及相信自己未来会幸福的人,比那些不这么想的人更有可能表示自己目前很幸福。[17]

注意该段第一句和第二句之间的转换。第一句说幸福与人们对生活的"积极幻想"有关。第二句本该进一步证明两者相关,但却转到了幸福与人们对生活的积极信念有关,事实上我们没有理由怀疑别人对生活的积极信念是否正确。

有时,研究人员预判了人们的真实情况,但凡有人回答的和预判的不一样,研究人员就认为他们在撒谎。20 世纪 70 年代,心理学家哈罗德·萨克姆和鲁本·古尔编制了关于自欺欺人的调查问卷,基于调查结果提出了"经常欺骗自己的人最幸福"。[18] 问卷采用七级量表,从 1("从不")到 7("经常"),

受访者按自己的实际情况勾选答案。

其中有一个问题是:"你有没有生过气?"如果你选 1 或 2,就会被认定为自欺欺人。我有一些认识了十多年的朋友,我看到他们生气的次数不足 5 次。如果诚实地回答这个问题,他们将被视为自欺欺人。

接下来的问题就更奇怪了。比如,"你有没有被同性吸引过?""你有没有想要强奸他人或被他人强奸?"同样,如果你选择 1 或 2,就会被认为在欺骗自己。[19] 这项研究并没有让我们更多地了解自欺欺人……倒是让我们对研究人员有了一些了解。

尽管"自欺欺人让人感到幸福"这一研究存在严重缺陷,但并不代表自欺欺人不会带来幸福。很多时候,自欺欺人确实能够带来幸福感,但同时也会削弱我们的判断力。既然有这么多不用自欺欺人的应对现实的方法,我们为什么要退而求其次?

前文提出的应对策略,如制订计划、关注阳光的一面和重新定位目标,是侦察兵管理情绪用到的一些方法。方法因人而异,比如,我的一个朋友应对尖锐批评的方法是对批评他的人心怀感激。这个方法对他有用,对我一点也不管用。当面对批评时,我尽量让自己关注一个问题——如果我认真对待批评,将来是否会变得更好。

通过实践,我们会找到适合自己的应对策略。记住:不要退而求其次!客观看世界的能力很宝贵,我们不应该牺牲这个能力来换取情感安慰。我们也不必这么做。

第 8 章

励志向前，但不自欺欺人

16岁时，我认真考虑过高中毕业后去纽约从事舞台表演。我知道成功的概率很小。众所周知，靠演戏谋生很难，舞台表演更是如此。但那时的我痴迷于舞台，晚上都在跟着CD（激光唱片）不断练习音乐剧《吉屋出租》和《悲惨世界》的配乐，梦想着登上百老汇的舞台。

我碰巧认识一位成功的舞台演员，就去问他机会渺茫的情况下我该怎么办。"别管机会有多大，"他告诉我，"做任何事都有风险，如果你想做成，就应该全力以赴。如果你担心失败，那结局必定是失败。"

这就是所谓的自信让人成功：如果你相信自己会成功，就会积极迎接挑战，遇到挫折也不会放弃，乐观的心理暗示最终成就乐观的你。相反，如果你认为前途渺茫，或总担心失败，你就会气馁，不敢接受任何挑战，悲观的心理暗示最终让你真的变得悲观。

浏览 Pinterest（拼趣）或 Instagram（照片墙）上的励志图片，到处可见这种自信模式。比如这句网络流行语，据说是亨利·福特说的[1]，"无论你认为自己行还是不行，你都是对的"。成千上万的贴纸、海报和枕头上写着"他相信自己可以，然后真的做到了"。[2] 其他来自励志作家和博主的例子比比皆是。

> 在工作或生活中，没有什么伟大的成就是靠运气实现的。每条规则都有例外，你一定行![3]
>
> 为了目标全力以赴，一切皆有可能。只要你敢想。[4]
>
> 要取得成功，一定要对自己的目标和实现目标的能力有坚定的信念。不要去想是否会失败，那样只会削弱你的信心。[5]
>
> 让身上的每个细胞都相信自己会成功。[6]

哲学家威廉·詹姆斯是最早的自信倡导者之一，但 Pinterest 上很少有人引用他的名言。在其最著名的文章《信仰的意志》中，他举了一个有趣的例子来证明自己的观点：想象你正在爬山，却不幸被困在了峭壁上，逃生的办法只有一个——纵身一跃，跳到旁边的山峰。詹姆斯说：

> 你若相信自己能跳过去，你的脚就有勇气跳过去。你若

迟疑，想起科学家们说的各种可能性，最终恐惧、颤抖和绝望会让你坠入深渊。[7]

詹姆斯认为，生活中很多时候也如此。只有对成功充满信心，无惧任何困难或险阻，才能激发成功的意志。这么认为对吗？如果按下一个按钮，就能对自己的成功变得无比乐观，你会这样做吗？

客观评估成功概率有助于我们选择合理的目标

你可能已经猜到，我没有采纳那位演员朋友的建议。就算只有16岁，我也应该先做完调查研究，再选择自己的职业。

我们来看看一位有抱负的舞台演员的成功概率有多大：美国演员权益保障协会是美国舞台演员联盟组织，该协会的4.9万名艺员成员中，只有1.7万人在一年内真正从事了表演工作，这些人的平均年薪为7500美元。[8]协会艺员和非协会艺员相比情况要好很多——非协会艺员的处境更加困难。

当然，每个人的成功概率都不一样，有的高于平均概率，有的低于平均概率，这取决于人们的天赋、勤奋、魅力或人脉。但平均概率是我们需要注意的重要基准线；我们成功的概率越低，就越需要付出努力，也需要好的运气才能成功。

我和另一位演艺界朋友也谈过这件事。她给的建议和第一个演员朋友不一样。"干我们这行真的很难，"她告诉我，"但不代表你不能做，你要问自己，你确定表演是你唯一喜爱的职业吗？"

我的回答是"不"（这个答案令我父母大为宽慰）。我还对其他方面感兴趣，而且我确定，上了大学后，我会发现更多感兴趣的领域。对于比我更有表演激情或天赋的人来说，一条道走到黑可能是值得的。所以我们只有客观地评估成功的可能性，才能做出正确的选择。

自信激励法的最大问题是，你不会去思考存在哪些风险，所以就不可能问自己这样的问题："这个目标值得冒这个风险吗？""有没有其他同样可取但风险较小的目标？"自信激励法暗示你不需要做任何决定；你已经找到一条正确的道路，其他选择都不值得考虑。为了论证盲目自信的重要性，威廉·詹姆斯举了悬崖上纵身一跃的例子。身处例子中的情景，我们根本不需要做任何决定，因为根本没有机会去比较各种选择或想出尽可能多的方法。我们唯一能做的就是成功地跳到旁边的山峰。

像这种只有一条路可走的情况，客观判断成功概率似乎没有什么意义，但这种极端情况实际发生的频率有多高？即使在真实的登山场景中，也从来不可能只有一种选择。我们完全可以沿着峭壁往下爬，或者待在原地等待救援，根本不需要跳到附近的山峰。这两种选择是否优于纵身一跃，我们只需要评估每个选择的成功概率，就可以找到答案。

"追逐梦想"的心灵鸡汤听起来好像每个人都只有一个梦

想，但大多数人喜欢且擅长或可以擅长的事不止一件。在全力追逐一个目标前要问自己："与其他可以做的事相比，这个目标值得追逐吗？"这样对自己有利。

这时，你可能会想："是的，在选择走哪条路时，客观分析成功概率确实很重要。但做出决策后，在全力以赴实施阶段我们需要盲目乐观。"

事情并非如此简单。我们不可能在深思熟虑、客观评估风险后，就把这一切从记忆中抹去。但如果可以这么做，你会这么做吗？以下两个小插曲将清楚地说明为什么我的答案仍然是"不"。

客观评估成功概率有助于我们根据变化调整计划

从高中开始，谢利·阿尔尚博就立志有朝一日成为一家大型科技公司的首席执行官。2001年，她觉得自己终于要实现这个梦想了。她在IBM（国际商业机器公司）工作了15年，经过不断提拔成为该公司历史上第一位担任国际高管职位的非裔美国女性。离开IBM后，她曾在另外两家科技公司担任执行官。经过多年奋斗，2001年谢利终于准备就绪。不幸的是，2001年也是互联网泡沫破灭的一年。

硅谷到处是新失业的高管，个个比谢利有经验、有人脉，他们成为谢利强有力的CEO竞争对手。时机确实不好。谢利认为自己有两个选择：一是坚持初心，成为一家顶级科技公司的 CEO，但成功的概率还不如从前；二是改变目标，放弃"顶级"公司，转而瞄准经营不善的公司，这种公司更容易应聘成功，她有可能凭借自己强大的管理能力扭转公司局面。

谢利选择了第二条路，她成功了。她被聘为 Zaplet 公司 CEO。这是一家初创公司，当时濒临破产。14 年后，谢利将 Zaplet 发展成为 MetricStream 科技公司，拥有 1200 名员工，市值超过 4 亿美元。

事实证明，在追逐目标的过程中，"决策"阶段和"实施"阶段之间并没有明确的界限。随着时间的推移，情况会发生变化，我们也可能掌握更多的信息，因此需要重新评估成功概率。

客观评估成功概率有助于我们确定投资规模

20 世纪 80 年代，企业家诺姆·布罗茨基将一手创办的完美快递（Perfect Courier）发展为市值 3000 万美元的快递公司。为了更快地发展，他决定收购经营状况不佳的竞争对手——Sky 快递公司。他从完美快递公司抽出 500 万美元注入 Sky 快递，以帮助扭转局面。但这并不够，于是他又投入 200 万美元。当这依然不够时，他动用了完美快递的部分贷款。布罗茨基知道，他实际上是在拿自己的一家公司做赌注，赌自己能够挽救另一家公司，但他并不担心。他说："我从未想过自己会失败。"[10]

不幸的是，布罗茨基不久就接连遭到两次打击：第一次打击是 1987 年 10 月的股市崩盘，让他蒙受巨大损失；第二次打击是传真机的迅速崛起。有了传真机,谁还需要快递服务来发送重要文件？[11]

到第二年秋天,Sky 快递公司倒闭,完美快递也随之倒闭。对于布罗茨基来说,最痛苦的是不得不解雇数千名员工。他伤心地意识到:"我经营着一家安全可靠、利润丰厚的公司,却让它承受了无法承受的风险,就这样毁了它。"

风险投资人本·霍洛维茨在《创业维艰》一书中指出,创业之初没有必要考虑成功概率。"在创建一家公司时,你必须相信一定会有出路,不要去想找到出路的可能性有多大,你只需要去找就行。"他写道,"机会是十分之九还是千分之一并不重要,因为你的任务是一样的。"[12]

然而,即使任务一样,你也需要思考一个问题,即你愿意下多大赌注,赌自己能够成功完成这项任务。如果成功概率高达十分之九,赌上毕生积蓄也许值得；但如果成功概率仅为千分之一,那可能就得三思而后行了。

客观评估成功概率在任何时候都很重要,但同时我们又面临一个心理挑战:如果成功概率不高,我们如何做到不气馁？如果明知即使全力以赴,最终也极有可能失败,我们还依然能激励自己全力以赴吗？

有些事值得去赌

当埃隆·马斯克决定创办一家太空探索公司时,他的朋友们都认为他疯了。马斯克刚出售了自己的第二家公司贝宝（PayPal），套现 1.8 亿多美元，打算将其中的 1 亿美元用于投资创办太空探索公司，也就是后来的 SpaceX。

"你会失败的，"朋友们警告他，"卖 PayPal 的钱会被你亏光。"他的一个朋友甚至汇总了火箭爆炸的视频让马斯克看，希望能阻止他做白日梦。[13]

在大多数涉及"疯狂梦想"的励志故事中，主人公通常都是"勇往直前，永不气馁，因为他深深知道所有质疑他的人都是错的"。然而马斯克并非如此。当朋友们认为他可能会失败时，他回答说："嗯，是的。我想我们可能会失败。"[14] 事实上，他估计 SpaceX 飞船进入轨道的可能性只有 10% 左右。

两年后，马斯克决定将 PayPal 大部分剩余利润投资于电动汽车公司特斯拉。同样，他估计特斯拉的成功概率约为 10%。[15]

马斯克认为自己的项目成功率很低却依然坚持做，这让许多人不解。在 2014 年《60 分钟》的某期节目中，记者斯科特·佩利就这个问题采访了马斯克。

埃隆·马斯克：嗯，我真的没想到特斯拉会成功。我原以为我们很可能会失败。

斯科特·佩利：你说你没想到公司会成功？那为什么还要尝试呢？

埃隆·马斯克：如果某件事足够重要，你就应该试试，即使可能会失败。[16]

马斯克就算知道成功率很低，也依然要去做，这让人们感到困惑，因为通常只有当某件事可能成功时，我们才会去做这件事。但是侦察兵做事的动机不是"这件事一定会成功"，而是"这件事值得我赌一把"。

许多人认为，至少在某些情况下，有些事值得去赌。举一个简单的例子，假设有人跟你赌掷色子，如果你掷到6，你将赢得200美元；否则，你将损失10美元。你愿意赌吗？

当然愿意。这种赌法对你来说相当有利，到底多有利，计算一下你的预期收益就知道了。打赌的预期收益就是在无限次下注的情况下，平均每次投注能赢得的奖金。

概率	奖金
掷到6的概率为1/6	获得200美元
掷到其他点数的概率为5/6	损失10美元

将每次投注的概率乘以相应可能获得或损失的奖金，所得数相加就是打赌的预期收益。就本例而言，预期收益为：

$$(1/6 获胜概率 \times 200) + [5/6 失败概率 \times (-10)]$$
$$=33.33-8.33=25 美元。$$

换句话说，如果你多次掷色子，平均每次大约能获得25美元。掷掷色子就可能赚25美元！这个赌法不错，值得下注，即使很有可能失败。

现实生活中的"打赌"（比如创办一家公司），远比掷色子复杂，其胜率的计算也更加主观繁杂，不可能像掷色子那样量化预期收益。其"价值"除了金钱之外，还涉及很多其他因素：经营公司会给你带来多少乐趣？即使经营失败，你是否也获得了有用的人脉和技能？经营公司会占用你多少时间？会带来多少社会声望（或污名）？

尽管如此，我们依然可以进行粗略估计，这总比什么都没有强。上文提到，埃隆·马斯克估计特斯拉的成功概率约为10%，失败概率约为90%。但一旦成功，其价值不可估量——电动汽车从白日梦变成主流现实后，将大大助力人类社会摆脱对化石燃料的依赖。即使失败，马斯克认为特斯拉也能完成一件有意义的事。"我认为我们至少可以改变人们的错误成见，不再认为电动汽车只能和高尔夫球车一样丑陋、缓慢和乏味。"马斯克在《60分钟》节目中告诉佩利。

马斯克对SpaceX的分析也大致一样：大约10%的成功概率，90%的失败概率，但成功的价值是巨大的。开发一种更廉价的太空飞行方式将使人类有一天能够移民火星，这将有助于人类摆脱地球巨大灾难的威胁。只要SpaceX取得一点进展，即使失败，也不完全是浪费时间："如果我们能向前推动一点，即使我们死了，其他公司也许可以拿起接力棒继续前行。从这一点来看，我们现在做的事情很有意义。"马斯克说道。[17]

马斯克对特斯拉和 SpaceX 成功概率的分析

概率	价值
10% 的成功概率	公司在人类面临的某些最紧迫问题上（可持续发展、太空旅行）取得重大进展
90% 的失败概率	马斯克的投资打水漂，但他本人并没有因此而破产。公司在解决前述问题方面取得一些进展

总体而言，特斯拉和 SpaceX 对马斯克来说都是不错的选择，尽管极有可能失败。

还有一种方法能帮助我们判断某个打赌是否有价值——我们可以想象赌很多次，看看成功获得的收益能否超过失败带来的影响。像埃隆·马斯克这样有钱的人，一生中可能尝试至少 10 家像特斯拉和 SpaceX 这样的公司。如果他最乐观的估计是这 10 家公司中有 9 家会失败，那么关键问题来了：为了一次巨大的成功，失败 9 次值得吗？

当然，我们不可能在同一件事上多次重复打赌，但我们在一生中确实会面临各种"赌博"，比如，创办公司、职业发展、投资机会、信任某人、提出难题或走出舒适区等，都需要我们赌一把。能给我们带来积极收益的打赌次数越多，我们就越相信自己整体情况不错，即使每次赌都不知道结果是好是坏。

接受差异让我们内心平静

我通常不太关注体育，但有一次看到克利夫兰印第安人队投手特雷弗·鲍尔的采访后，我对体育产生了兴趣。鲍尔最近在对阵休斯敦太空人队的比赛中表现出色，取得6连胜。当被问及连胜秘诀时，鲍尔回答说："偶然而已，胜利不可能一直持续下去。也许某个时候，就输了。"[18]

听到这个回答，我咧嘴一笑，感到有些惊讶。关于为什么会成功，人们的解释通常是"我的额外练习终于开始得到回报"或"因为我相信自己"。你几时听到有人把自己的成功归结为"偶然性"？

鲍尔说对了，他的连胜结束了。很快就有人追问鲍尔，为什么最近比赛中自己的投球接连被对手击出全垒打。鲍尔回答说："我知道比赛结果在某个时候会和我的球技相匹配……目前高飞球被全垒打率太高，我不会让其持续下去，限制对方全垒打是我现在的主要得分方式。"[19]

投手的"高飞球被全垒打率"数据在短时间内波动很大，但这种波动只是随机变化，并不反映球员技能的提高或下降。鲍尔认为没必要过分担心目前自己高飞球过高的被全垒打率。他又对了——就在下个赛季，鲍尔成为高飞球被全垒打率最低的球员之一。[20]

对成功信心满满确实具有很大的激励作用，但这并不现实——做任何事都有机遇成分。我们打赌的结果会随着时间变化而上下波动；我们打的赌有时结果令人满意，可很多时候结果并不尽如人意。

但只要带来积极收益的打赌次数越来越多，从长远来看，这种差异大多会消失。事先预期差异会给我们带来内心的平静。

赌赢了不会得意忘形，赌输了也不会内心崩溃。也就是说，影响我们情绪的不再是差异折线图，而是折线下面的趋势虚线图。

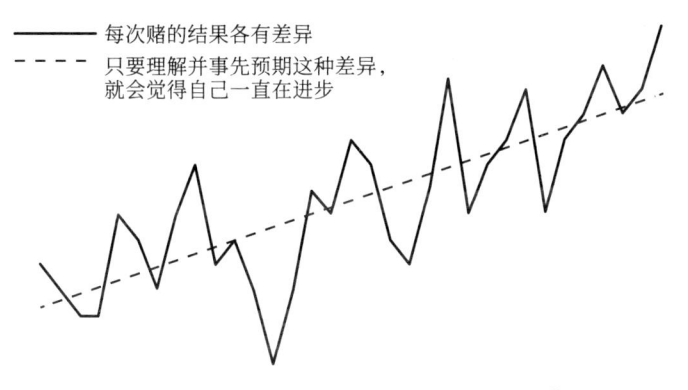

事先预期差异对我们产生积极的心理影响[①]

我们的目标不是把一切都归因于运气，而是要尽自己最大的努力，在头脑里区分运气所起的作用和决策所起的作用，并根据后者来评判自己，例如，鲍尔在一场比赛结束后这样评价自己的投球：

> 这个球投得不太好，但这么投是有原因的。让杰森·卡斯特罗自由上垒，不是好主意。然后，想用快球让布莱恩·多齐尔出局，我投得很好，却被他打出了安打。[21]

注意鲍尔是如何肯定、责备然后又肯定自己的，所有评判

[①] 差异带来的负面情绪实际上比这张图显示的还要糟糕。我们害怕失去，失去的痛苦永远大于收获的快乐。因此，如果不事先预期差异，我们会觉得事情的结果很糟糕，比折线图上标记的实际低点还糟糕。

都基于自己投球选择的质量，与投球结果无关。

接受风险

1994年，杰夫·贝佐斯在纽约一家套头基金交易管理公司任副总裁，工作轻松、收入丰厚，但互联网的迅猛发展让他跃跃欲试，想辞去高薪工作开始互联网创业。

但创业之前他必须清楚了解成功概率有多大。据他估计，大约10%的互联网初创企业会获得成功。贝佐斯认为自己的技术水平和商业理念高于平均水平，但他不能因此完全忽视平均概率。综合考虑，他认为自己的成功概率大约为30%。

贝佐斯如何看待面临的风险？他能承受失败吗？贝佐斯想象自己80岁的时候回顾年轻时做的人生选择。几十年后，自己不会因为错失1994年华尔街奖金而感到遗憾，但如果放弃进军互联网的机会，他一定会耿耿于怀。"如果失败了，也没关系，"他下定决心，"当我80岁时，我会为自己的努力感到骄傲。"[22] 就这样，贝佐斯最终决定辞去金融工作，放手一搏，创办属于自己的互联网公司，这家公司后来成为全球最大的网上书店——亚马逊。

"自信"激励法通常否认失败的可能性，因为如果承认自己可能失败，就会士气低落或害怕冒险。盲目自信的人认为自己不可能失败，因此为了成功，他们需要竭尽全力。然而实际情况似乎恰恰相反——事先接受失败的可能对我们来说是一种解脱，让我们勇往直前，毫不畏惧，敢于承担做大事的风险。

在一次采访中，采访者盛赞埃隆·马斯克无所畏惧的精神，做了别人不敢做的事，马斯克却说自己实际上非常害怕，他只是学会了通过接受失败的可能性来控制恐惧。"在某种程度上，宿命论是有帮助的，"他解释道，"如果你接受可能性，恐惧就会减少。所以在创办 SpaceX 时，我认为成功的概率不到 10%，我试着承认自己可能会失去一切。"[23]

承担艰巨项目的人意识到自己极有可能失败，但他们通常不会每天都关注失败的风险。每天起床后，他们关注的是更具体的事情：下周的推介会，下个月运送第一批产品，解决最近发生的棘手问题，工作目前取得的进展，靠他们生活的人。

但当他们决定要冒什么样的风险，或者退一步反思自己的人生选择时，能够对自己做的选择感到满意很重要，即使这个选择最终失败了。几年前我读过一篇博文，其中有一句话我一直记得。每当我对一件有意义却充满风险的事犹豫不决时，这句话总能帮助我下定决心，也许对你也有帮助："我们都想达到一种精神境界，那就是如果事情的结果很糟糕，我们只是点点头说'我知道这副牌里有这张牌，我也知道可能失败，但如果能给我再来一次的机会，我还是会做同样的选择'。"[24]

在上一章中，我们讨论了如何选择应对策略来处理焦虑、失望、后悔和恐惧等情绪。有些应对策略涉及自欺欺人，有些不涉及，那么为什么要选择前者呢？

同样的逻辑也适用于激励策略的选择。如何让自己充满雄心壮志、敢于冒险、在困难时刻坚持下去？士兵思维的激励方法是让自己相信不真实的事情——只要你相信自己，成功概率到底多大并不重要；只许成功，不许失败；"运气"无关紧要。

士兵思维的鼓舞方式至少在短期内是有效的。但这种鼓舞士气的方式很脆弱，它需要你对任何可能动摇信心的新事物视而不见。

侦察兵思维鼓舞士气的方式则不同。侦察兵不会用"保证一定成功"来激励自己，他们激励自己的方式是让自己认识到目前做的选择是明智的，不管成功与否，都会因为做出这样的选择感到高兴。即使某次打赌的成功概率很低，他们也知道，只要带来积极收益的打赌次数足够多，从长远来看，他们的总体成功概率要比单次的成功概率高得多。同时，他们之所以受到激励，是因为认识到偶然的失败低谷是不可避免的，但从长远来看，失败的低谷总会被越来越多的成功抵消；就算可能会失败，也是可以容忍的。

侦察兵鼓舞士气的方法坚实有力，不需要我们牺牲明智判断的能力，也不需要我们无视现实，因为它本来就扎根于客观事实。

第 9 章
发挥影响力，但不过度自信

第 8 章提到杰夫·贝佐斯在创建亚马逊之前估计自己的成功概率约为 30%。但他肯定不会向潜在投资者承认这一点，对吗？因为没有人会资助一个口号是"事先说清楚，我很可能会失败"的企业家。

但事实上，贝佐斯很明确地告诉潜在投资者自己不确定能否成功。在每一次游说时，他都告诉投资者："我认为失败的概率是 70%，你可能赔光所有的钱，所以如果你不能承受损失，就不要投资。"[1]

随着公司的发展，贝佐斯依然开诚布公地谈论公司未来的不确定性。在 1999 年接受美国消费者新闻与商业频道（CNBC）采访时，他说："我不能保证亚马逊会成功。我们正在努力的事业非常复杂。"² 2018 年，亚马逊即将成为全球最有价值的公司。那年秋天，在公司的一次全体会议上，贝佐斯告诉他的员工："我预测有一天亚马逊会倒闭……你们看看那些大公司，它们的寿命往往是 30 多年，而不是 100 多年。"³

我们通常认为，一个人对自己越有信心，其影响力就越大。信心是有吸引力的。自信的人能够吸引人们倾听他的讲话，跟随他的脚步，并且相信他的理智。关于如何提高影响力或说服力，很多人给出的建议是要自信：

信心十足的人永远都能说服他人。[4]
每一位成功的商业领袖都拥有强大的自信。[5]
任何带有"可能"这个字眼的表述都不招人喜欢。人们喜欢确定性。[6]

这对侦察兵来说似乎是个坏兆头；客观评价自己的人不会对一切都如此确定。幸运的是，杰夫·贝佐斯的例子表明，上面关于自信和影响力的普遍看法并不完全正确。在本章中，我们将打破一些关于自信和影响力的神话，看看成功的侦察兵是如何驾驭两者的关系的。

两种自信

我们用"自信"这个词来指代不同的事物却不自知。自信有两种。第一种是认知自信,即对某事的确定程度,也就是我们在第 6 章中探讨的自信概念:"我 99% 肯定他在撒谎",或"我保证这会奏效",抑或"共和党人不可能赢",这些话都体现了高度的认知自信。

第二种自信是社交自信,即在社交场合是否感到自在,是否让人感觉你属于这里,是否对自己及在团队中的作用充满自信,是否谈吐大方让人想听你说话。

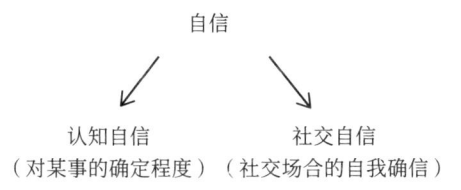

自信
↙ ↘
认知自信　　　社交自信
(对某事的确定程度)(社交场合的自我确信)

我们倾向于将认知自信和社交自信混为一谈,将其视为同时存在的一个整体。想象一下同时拥有这两种自信的人,比如一位领导慷慨激昂地告诉他的团队成员,他坚信团队会成功,在他的鼓舞下,团队士气大增。同样,我们也很容易勾勒出一个同时缺乏这两种自信的人,比如一个人紧张得连说话都结结巴巴:"呃,我真的不知道我们应该做什么……"

但认知自信和社交自信并非总是结伴而行。这一点在本杰明·富兰克林身上尽显无遗。富兰克林迷人、诙谐、热情,充满了社交自信。他一生都在结交朋友,制定新制度。他在法国很出名,走到哪儿都被崇拜他的女人包围,她们叫他"亲爱的爸爸"。[7]

然而,富兰克林在充分表现社交自信的同时,却要故意表现得缺乏认知自信。年轻时他就开始这么做了，因为他注意到，当他使用肯定的语言时，比如"当然""毫无疑问"，人们很可能会驳斥他的观点。因此，富兰克林开始训练自己避免使用这种表达方式，在发表观点前加上"我认为……""如果我没弄错的话……""我现在觉得……"之类的话。[8]

这个习惯一开始很难坚持。年轻时的富兰克林最喜欢做的一件事就是证明别人错了，或者用今天的话来说就是通过辩论"灭了他"。但是，很快他就习惯委婉表达了，因为他发现当他用温和的方式表达意见时，人们更容易接受。

富兰克林渐渐成为美国历史上最有影响力的人物之一。他与人共同起草了《独立宣言》，说服法国支持北美殖民地反对英国的独立战争，成功签署了结束独立战争的《巴黎条约》，还帮助起草和生效了美国宪法。

老年的富兰克林在其自传中回顾了自己的一生，感叹"谦虚谨慎"的说话习惯竟然如此有效。"正是因为这个习惯（也因为我正直），我才能在提出新制度或改革旧制度时赢得同胞们的热烈拥护。"他总结道。[9]

在第 4 章中我们看到，当他人对某件事的判断比自己更准确时，亚伯拉罕·林肯会毫不犹豫地认同他人的判断，并承认自己的错误："你是对的，我是错的。"你可能认为这样做让他看起来不自信，其实不然。和林肯同时代的一位作家曾这么描述他："迄今为止，没有任何人能在他面前占据上风。"这是因为林肯对自己有清楚的认识，行为大方自如，极具社交自信，他发言时能让听众聚精会神地听几个小时。

人们基于你的社交自信，而非认知自信来评判你

富兰克林和林肯的经历表明，社交自信比认知自信更容易给人留下深刻印象，相关研究也证明了这一点。

在一项研究中，研究人员拍摄了大学生在小组活动中的互动情况。[11] 然后分析视频，对每个学生的认知自信行为（如共有多少次学生表示对自己的判断很有信心）和社交自信行为（如讨论的参与度如何，看起来是否放松自如）进行了编码。

然后，研究人员将视频播放给受试者看，问他们："你如何看待每个学生的能力？"结果显示，受试者对学生的能力评级主要基于学生表现出的社交自信。学生参与讨论越频繁，使用权威语气越多，举止越放松，看上去就越有能力。相比之下，学生的认知自信几乎不重要。自认为对自己的回答很确定，或声称任务很简单，自己绝对能胜任，这样的行为表现几乎没有意义，或者根本没有意义。

其他研究人员也对同一问题进行了研究。他们让女演员同时展示社交自信行为和认知自信行为（如同时展示高社交自信行为和低认知自信行为，或同时展示低社交自信行为和高认知自信行为等），看哪种自信行为更重要。[12] 研究结果相似。受试者判断女演员是否"自信"主要看她的社交自信行为，例如，眼神交流、语调平稳，以及使用果断的手势。至于说话语气

是很确定（"我肯定……"）还是不确定（"我认为可能……"），并无太大关系。

	行为表现	观察者的能力评级
社交自信	发言占时率	0.59**
	自信而真实的声调	0.54**
	提供与问题相关的信息	0.51**
	姿势舒展	0.37**
	举止放松自然	0.34**
	稍后给出答案	0.24*
	率先给出答案	0.21*
认知自信	声称对自己的判断很确定	0.21*
	声称任务很简单或很困难	0.18
	声称自己能胜任	0.09

表格改编自 C. 安德森等（2012 年），表 2，第 10 页。
*=$p < 0.05$，差异具有显著性
**=$p < 0.01$，差异非常显著

人们有时会感叹，姿势和声音等"表面"的东西对我们评判他人产生了太大影响。但其实这也有好处，因为这意味着我们不需要自欺欺人就可以展现自己的能力。我们可以通过各种方式来增强社交自信，如大声发言、聘请演讲教练、着装正式、改善体态，这些方式都不会削弱我们客观看待事物的能力。

亚马逊的创建证明了社交自信比认知自信更重要。1996 年春天，硅谷著名风险投资公司，美国凯鹏华盈风投基金合伙人约翰·杜尔造访亚马逊，亚马逊从此迎来重大转机。杜尔离开后决定投资亚马逊。更大的利好是，这位知名风险投资家的投资兴趣引发了一场竞价战，将亚马逊的估值从 1000 万美元推

高至 6000 万美元。

那么，杜尔到底看中了亚马逊的哪一点？还是让他自己说吧："我走进门，这个家伙大笑着，蹦蹦跳跳跑下台阶，充满了朝气和活力。在那一刻，我决定和杰夫合作。"[13]

两种不确定

如果医生表示不确定，患者会如何反应？有学者对这个问题进行了研究，却得出了截然不同的结论。一些研究发现，患者对医生的不确定持否定态度，认为这是无能的标志。其他研究发现，如果医生不确定，患者似乎并不介意，甚至对此表示赞赏。

两种相互矛盾的结果看似无法理解，但如果我们仔细看看每项研究的内容就知道为什么了。在第一组研究中，患者对医生的不确定持否定态度，我们看到这些研究中医生通常这样表达"不确定"：

> 我的意思是，我真的不知道该怎么解释。
> 我从来没遇到过这种情况。
> 我不太清楚是什么引起你头痛。[14]

在第二组研究中，患者对医生的不确定持肯定态度，这里的"不确定"通常是这样表述的（临床医生这样解释乳腺癌风险因素）：

> 关于母乳喂养与乳腺癌的相关性，证据并不充分。首次怀孕的年龄是更重要的风险因素，但这也只是一个很小的决定因素。你知道，任何事情都有利弊。
>
> 你有两个直系亲属和一个姨妈患癌，这确实增加了你患癌的风险……风险有多高不好确定，在10%~20%之间。[15]

显然，这两种不确定在性质上截然不同。我们可以理解为什么第一组患者会质疑医生的能力。如果医生说"我不确定这是什么病"，患者自然会希望找一位更好、更有经验的医生为其诊断。而第二组研究中的医生表现得就很专业，即使他们对自己的诊断也不确定。他们为患者分析病因，例如关于乳腺癌的致病因素，是否母乳喂养与女性首次怀孕年龄相比，后者是更重要的风险因素。此外，他们还给出了更具体的评估，例如"在10%~20%之间"，而不是简单地说不知道。

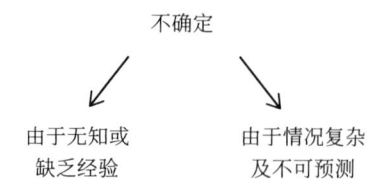

```
              不确定
              ↙    ↘
       由于无知或    由于情况复杂
       缺乏经验      及不可预测
```

因此，如果认为"承认自己不确定"会让我们看起来不自信，那是因为没有分清这两种完全不同性质的不确定：由无知或缺乏经验引起的对"自己"的不确定，以及由复杂、不可预见的事实引起的对"世界"的不确定。前者通常表明某人专业能力不够，确实如此。但是后者并非如此，尤其当我们按照以下三条原则来表达不确定时，不会给人不自信或不权威的感觉。

证明你有理由不确定

有时，听众并不知道我们所讲的话题本身到底存在多少不确定性，他们希望我们给出超乎实际的确定答案。没关系，我们只需要设定他们的期望值。还记得 1999 年杰夫·贝佐斯在接受 CNBC 采访时说的话吗？他说亚马逊能否成功谁也无法确定，并对这一说法进行了分析。他指出虽然互联网革命必将产生一些巨头公司，但很难预测具体会是哪些公司。他还用近年的一个例子解释了不可预测性："回头看看 1980 年个人电脑革命缔造的公司，你不太可能会预测到最大的那五个赢家。"[16]

事实上，如果我们能证明百分之百确定是不切实际的，会比那些对什么事情都打包票的人更有说服力。当律师第一次与潜在客户见面时，客户总是询问预计可以获得多少赔偿。律师很想给出一个乐观的估计，但实际上他并没有足够的事实依据。面对这种情况，一位检察官在《顶级律师的思维方式》(*How Leading Lawyers Think*) 一书中说："我告诉他们（客户），'任何乐观估计的律师，要么在骗你，要么不知道自己在做什么。碰到这种律师，你应该有多远跑多远'。"[17]

给出合理的估计

马修·利奇是一名英国顾问，曾在普华永道会计师事务所负责风险管理。在其网站 www.workinginuncertainty.co.uk/ 上，利奇描述了如何在表达不确定时赢得客户尊重——基于事实和数据给出合理估计。例如，他可能会这样告诉客户，"这方面没有可靠数据，所以我采用了三位高级营销经理的平均估计值"，或"对120家与我们类似的公司进行的调查显示，23%的公司曾经历过此类事件"。[18]

由于实际情况复杂，我们不可能确切知道正确答案，但至少可以对自己的分析充满信心。一位风险投资家与我们分享了年轻企业家迈克·贝克的演讲，那是他见过的最好的推销演讲之一：

> 迈克对在线广告行业进行了深思熟虑的诊断，并根据自己的经验和大量数据描绘了在线广告的发展前景……他描述得非常清晰："如果我对了，那将产生无比巨大的价值。当然我也可能错了，这就是风险，但如果我是对的，我会付诸行动，我了解这项技术，想跟我合作开发利用这项技术的合伙人有很多。"[19]

表明自己对某一主题有充分的了解和准备，并不需要我们夸大对该主题的确定程度。在上一节中，我提到风险投资家约翰·杜尔打算投资亚马逊，仅仅是因为看到杰夫·贝佐斯"蹦蹦跳跳跑下台阶",但这当然不是全部原因。贝佐斯的技术水平也给他留下了深刻印象。当他问及亚马逊的每日交易量时,贝佐斯只需敲几下键盘就能找到答案,杜尔"彻底服了"。[20]

制订计划

人们之所以不喜欢听到不确定的答案,是因为不确定的答案让他们不知所措。因此,在表达不确定性后,可以提出一个计划或建议,让听者不再感到无所适从。

比如,如果你是医生,在不确定的情况下,你可以帮助患者决定什么治疗对他最有效,或者向他保证你会继续密切关注他的病情。如果你是顾问,制订计划可能涉及设计测试以更精确地确定某些关键因素,或提出多阶段计划以允许偶尔重新评估。

如果你是企业家,制订计划意味着能够为你要做的事情提供充分的理由,让你的企业值得投注——这是你有信心尝试的事业,也是其他人有信心投资的事业,即使不能保证成功。1999 年,杰夫·贝佐斯在接受 CNBC 采访时首先承认经营亚马逊存在风险,然后解释了为什么即使有风险也值得尝试:

> 这很难预测。但我相信,如果能足够专注客户体验、客户选择、使用方便、价格低廉等性能,同时为客户提供更多信息来帮助他们做出购买决定,如果能做到这些,再加上出色的客户服务……我相信这是一个很好的机会。这也是我们

正在努力做的事情。[21]

你不需要承诺成功就能鼓舞人心

我的一个朋友最近创办了一家公司，开发应用程序来帮助抑郁症和焦虑症患者。他习惯概率思维，能够直面新公司面临的困难，尽力准确估算任何结果的可能性。我问他，过于客观现实是否难以激励员工或投资者。"不，鼓舞士气的方式有很多，"他回答说，"没必要通过撒谎或过度自信来激励他人。"

确实如此。我们可以设定宏伟的目标，可以为自己想要创造的世界描绘一幅生动的蓝图，也可以发自内心地谈论为什么自己会关心这个问题。在谈论他的公司时，我的朋友喜欢分享那些与心理疾病做斗争的真人真事，这些人得到了他的应用程序的帮助。所有这些事情都令人鼓舞，不需要我们做出不切实际的承诺。在 YouTube 上有一个杰夫·贝佐斯的早期采访视频，采访时间是 1997 年，当时亚马逊创建仅一年左右（时间太早，人们都不太认识贝佐斯，所以采访者提出的第一个问题是"那么，你是谁？"）。看到贝佐斯充满激情地谈论互联网商务的未来，人们很容易理解为什么投资者能被深深感染：

> 我的意思是，这太不可思议了……这才刚刚开始。这是电子商务的起步阶段。20 世纪末，我们在许多不同的领域取得了进步，许多不同的公司也在进步。我们赶上了好时候，

你知道吗？1000年后，当人们回顾这段历史时会说："哇，20世纪末生活在这个星球上真好，那是一个伟大的时代。"[22]

这个演讲充满憧憬、信念和激情。贝佐斯不需要鼓吹他的亚马逊会百分之百成功，甚至不需要鼓吹有50%的成功概率。

听完贝佐斯的演讲后，投资人汤姆·阿尔伯格与一位朋友就是否投资进行了讨论，之后决定投资5万美元。"风险很大，"他说，"但杰夫是认真的。他很聪明，对创业充满激情。"[23]

在本章中，我们讨论了发挥影响力，但不过度自信的三个关键原则。

第一，无须为了显得自信和能干而百分之百确定自己的观点。人们不太关注认知自信。他们关注的是行为举止、肢体语言和语气声调等社交自信的表现，培养这方面的技能不需要你牺牲准确判断的能力。

第二，表达不确定性并不一定是坏事，这要看是对"自己"不确定，还是对"世界"不确定。如果你对所述话题很有把握，谈论计划、分析原因时轻松自如，人们就会更加信任你的专业能力。

第三，无须过度承诺就可以鼓舞人心。激励他人不需要向他保证一定会成功，你可以描绘自己正试图创造的世界，告诉他你的使命为何重要，或你的产品如何有效。鼓舞人心的方法多种多样，你不需要欺骗他人，也不需要欺骗自己。

第三部分讨论的重要主题是：我们无须自欺欺人就可以实现我们的目标，不管这个目标是什么。从现在起，如果有人告诉你，只有通过自欺欺人才能获得快乐、动力或影响力，你应该表示质疑。任何目标都有多种实现途径，有些途径需要自欺欺人，而有些则不需要。找到后者可能需要我们付出更多的精力和练习，但从长远来看，这是非常值得的。

来看一个类比：假设一个校霸每天都抢走你的午餐费，不给钱就揍你。你可能觉得自己只有两个选择，要么给钱，要么挨打。这么看的话，给钱似乎是更好的选择。损失几美元总比被打得鼻青脸肿要好，对吧？

但如果从长远来看，你会发现每次都把钱交出来未必是最佳选择。其实，你可以学会反击，或者想一个聪明的办法让校霸被人当场抓住。你还可以换教室甚至转学。有很多方法可以改变游戏玩法，从而让自己有更好的选择，我们不需要将自己的选择局限在面前的那几个坏选择中。

在权衡侦察兵思维和士兵思维时，我们面临类似的情况：士兵思维需要我们牺牲客观看待事物的能力，侦察兵思维则可能打击我们的自尊心和积极性，让我们无法获得心理安慰等。我们可以接受坏选择，然后说"好，还是给钱吧。不用那么客观，这样很好"。或者我们也可以说，"不，我不接受这些坏选择"，然后找到一些方法，让自己能够尽可能客观地看待事物，同时还自我感觉良好。

第四部分

改变看法

第 10 章
如何对待错误

政治学家菲利普·泰特洛克花了近 20 年时间衡量人们预测全球事件的能力。结果令人失望，所谓的专家预测与随机猜测几乎没有太大区别。正如泰特洛克所说，专家预测的平均准确率"与投掷飞镖的黑猩猩大致一样"。[1] 但也有例外。事实证明，一小部分人非常擅长回答"穆斯林兄弟会将赢得埃及选举吗？"之类的问题。泰特洛克称他们为"超级预言家"。

美国情报高级研究计划局（IARPA）是美国情报部门的一个分支机构，在其主办的一次预测联赛中，超级预言家们以准确率超出 70% 的优势轻松击败了顶尖大学的教授团队。[2] 事实上，超级预言家们的表现远远超过其他参赛团队，因此仅仅两年后，IARPA 就放弃了其他参赛队，尽管该联赛原定周期为 4 年。

是什么让超级预言家们如此厉害？

是因为他们更聪明吗？还是因为他们知识渊博、经验丰富？都不是。他们大多是业余爱好者，但他们的表现甚至超过了美国中央情报局的专业分析师。中央情报局的分析师拥有多年经验，轻而易举就能获得与所预测主题相关的机密信息。而超级预言家们只有谷歌搜索引擎，却以准确率超出 30% 的优势击败了中央情报局。

超级预言家们之所以如此准确，是因为他们擅长对待错误。

每次一点点，慢慢修正自己的想法

超级预言家们一直在修正自己的想法。不是每天 180 度的彻底推翻原想法，而是根据获得的新信息对原想法进行微调。预测联赛得分最高的超级预言家是一位名叫蒂姆·明托的软件工程师，他每次预测都会频繁修正自己的想法，少则十几次，多则四五十次。下图是明托关于"截至 2014 年 4 月 1 日联合国难民署报告的已登记叙利亚难民人数将不到 260 万"的预测图。在三个月的时间里，明托不断修正其预测的概率，每修正一次就在图上以圆点标注，就像船长不断修正船只的航行方向。

在某些情况下，我们逐渐改变看法是很常见的事情。比如，提交求职申请时，我们可能预估应聘成功的概率约为 5%。在接到面试通知后，我们可能会将成功概率提高到 10% 左右。如果面试表现非常好，成功概率可能会进一步调整到 30%。如果面试几周后依然没有任何消息,我们的信心可能会下降到20%。

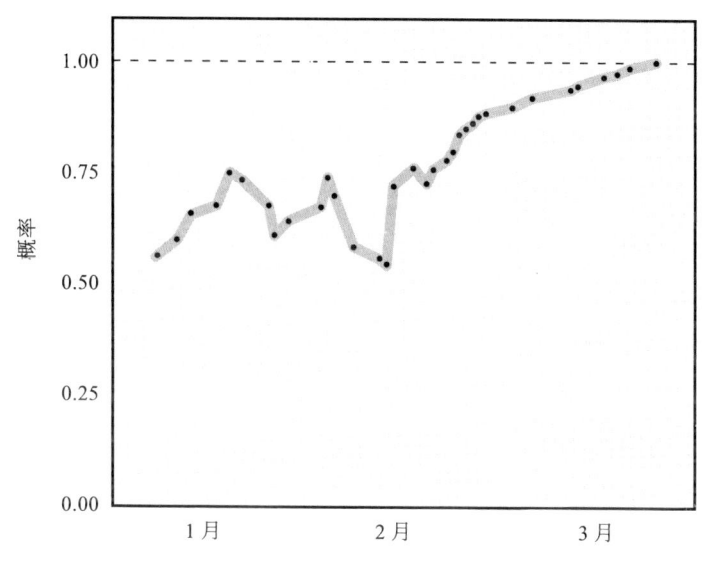

**超级预言家的预测更新图,
改编自泰特洛克和加德纳(2015年),第167页。**

但如果观点涉及政治、道德或其他意识形态领域,人们则很少会改变自己的观点。多年来,杰瑞·泰勒一直是美国著名的气候变化怀疑论者。他在自由意志主义智库卡托研究所工作,生活富裕,经常参加脱口秀节目,向公众宣传气候变化没有那么可怕。

有一次,泰勒与著名气候行动倡导者乔·罗姆进行了一场电视辩论。辩论结束后,泰勒开始对自己的观点产生动摇。[3] 在与罗姆的辩论中,泰勒重申了他的一贯要点:全球变暖的速度比灾难预言家预测的速度慢很多,与1988年提交给美国国会的最初预测相比,地球实际变暖速度并没有那么快。

录像结束后,罗姆在后台指责泰勒歪曲事实,并要求他亲自去确认自己的证据是否属实。泰勒决定去查证自己的观点。但令他震惊的是,查证结果证明罗姆是对的。1988年的预测结果与现实高度吻合,远远超出了他的想象。

泰勒认为自己一定遗漏了某些信息。之前的信息都来自一位德高望重、对气候变化持怀疑态度的气候科学家。于是泰勒又找到这位科学家,指出了问题所在,问道:"这是怎么回事?"令泰勒沮丧的是,这位科学家并不知道怎么回答。他支支吾吾地说了20分钟,最后泰勒意识到他所信任的这个人在"故意歪曲事实、误导舆论"。他感到无比震惊。

从那时起,每当气候怀疑论者引用某个观点时,泰勒都会进一步查证参考引文。他一次又一次地发现研究质量令人失望。但总体而言,他仍然认为怀疑论者的描述比气候活动家的描述更可信,可是渐渐地,泰勒对此越来越没有信心。

经常改变看法,尤其是改变重要观点,似乎会对精神和情感造成负担。但是,与其他选择相比,改变看法在某种程度上压力会小很多。如果我们以非黑即白的二元思维看世界,当发现某些证据与我们的观点相反时,我们会怎么应对?我们应对的方法代价很高,那就是一定要找到一种方法来反驳这个证据,否则,我们的观点就会受到威胁。

但如果我们以多元视角看世界,将"改变看法"视为一种渐进的变化,那么当遇到与所持观点相反的证据时,我们的心态和做法会截然不同。比如，我们有 80% 的把握，确信移民有利于经济，但当最新研究表明移民会降低工资时，我们就会把确定值降低到 70%。

如果后来发现这项研究有缺陷，或者有进一步的证据表明移民以其他方式促进了经济，我们的确定值可能会回升到 80% 甚至更高。但也可能会发现更多有关移民不利于经济的证据，这时我们的确定值可能会下调至 70% 以下。不管怎样，每次调整对我们而言都不需要付出太多代价。

认识到自己的错误有助于不再出错

若现实与期望不符，大多数人会问自己："我还能相信自己是对的吗？"答案通常是"是的，完全可以"。

泰特洛克从 20 世纪 80 年代开始研究预测，听到了人们关于预测失败的各种辩解，他将听到的数百种辩解分为七大类，其中一类称为"我差点就对了"。[4] 在乔治·W. 布什赢得 2000 年美国总统大选后，许多预测其竞选对手艾伯特·戈尔将获胜的人坚持认为，如果情况稍有不同，自己的预测就可以成真："如果戈尔更善于辩论。如果选举推迟几天进行。如果第三方候选人不那么固执。"[①]

---

① 当然，即使是客观精准的预测者在自信地做出预测后也难免会出错。这一点我们已在第 6 章讨论过，但大多数预测者都过于自信，也就是说，他们出错的频率远高出自己的想象。

超级预言家们对待自己的错误则完全不同。如果自己的预测与实际情况差之千里，比如预测某件事很可能发生但却没发生，或预测某件事不太可能发生但却发生了，他们会回头重新评估预测过程，然后问自己："我能从中吸取什么教训，以便下次预测更准确？"下面举个例子。

日本靖国神社是极具争议的地方，供奉着自明治维新时代以来为日本战死的军人，包括上千名日本战犯。政治人物参拜靖国神社是政治外交上的错误行为，严重伤害了饱受日军蹂躏的中国人民和朝鲜半岛人民的感情。

2013年，IARPA举办的预测联赛中，有一个预测题是"日本首相安倍晋三今年会参拜靖国神社吗？"此前有传言称，安倍拟参拜靖国神社，但超级预言家比尔·弗拉克并不相信。他认为，就外交而言，安倍参拜靖国神社捞不到任何实际利益，实属搬起石头砸自己的脚。但传言最终成真。弗拉克分析自己出错的原因，最后意识到："我真正回答的问题不是'安倍会参拜靖国神社吗'，而是'如果我是日本首相，我会参拜靖国神社吗'。"[5]

超级预言家之所以更乐于思考自己错在哪儿，是因为他们知道，分析错误是磨炼技能的绝好机会。从错误中总结的经验教训，如"不要想当然地认为世界领导人会和你一样看待问题"，就像能量装备，不断升级我们的思想武器，让我们在前进的道路上变得更加睿智。

预测联赛之初，超级预言家们就表现出了超过常人的准确率，随着比赛的进行，几个月后，他们的领先优势进一步拉大。超级预言家的年均准确率约提高了25%，而其他预测者的准确率则毫无改观。[6]

吸取通用领域的经验教训

还记得第4章提到的记者贝萨尼·布鲁克希尔吗？她在推特上说，男性科学家更倾向于称她为"女士"，而女性科学家更倾向于称她为"博士"。经过一番查证，她意识到自己错了。布鲁克希尔决定核实自己的说法，值得我们称赞，其实就算她不去进一步核实，人们也不会责备她。她这么做，对自己有多大好处呢？

预测者意识到自己错了有助于将来预测更准确。投资者意识到自己错了有助于将来投资更准确。那么布鲁克希尔呢？她的错误似乎不涉及任何特定领域，提高判断的准确度也不会让她像预测者或投资者那样在某一特定领域受益。因此，"布鲁克希尔意识到自己的错误对她有用吗？"这个问题的答案看起来似乎是"没用"。

如果认为"没用"，那将错过从总体上提高判断力的机会，这是我们能够从错误中收获的最大好处。当布鲁克希尔意识到自己错了，她开始分析错误原因，最后确定了两大可能的原因。[7]一个是确认偏误。"我有一个先入为主的想法，认为在电子邮件中男性不会像女性那样尊重我，"布鲁克希尔分析道，

"因此，对于能够证实我这一想法的邮件，我就记得特别清楚，完全忘记了有些邮件显示我的这一想法是错误的。"另一个原因是近期偏误。"我对最近观察到的事情给予了更多重视，忘记了过去观察到的事情。"她总结道。

这些经验教训不仅仅关乎电子邮件中的性别偏见评价。它们属于通用领域的经验教训，适用于各种不同领域，不受特定领域限制。特定领域的经验教训仅适用于某一特定领域，如政治预测或投资。通用领域的经验教训则关乎世界如何运作、人类大脑如何工作，以及可能影响我们判断的各种偏见。例如以下三条经验：

> 人们很容易被精心挑选的证据欺骗。
> 如果有人看似在说愚蠢的话，我可能误解他们了。
> 即使很有把握，也有可能弄错。

这些听起来显而易见的道理，我们可能觉得自己早就知道。但是"知道"一个道理，即读一遍然后说"是的，我知道"，不代表已经将其内化并真正改变了自己的思维方式。布鲁克希尔在发布那条引起广泛关注的帖子前，就已经知道什么是确认偏误和近期偏误，而且她还是一名科学记者，读过关于偏见的书，知道自己和所有人一样容易受到偏见的影响。但是，"知道"不代表内化，我们只有在经历发现错误、分析错误并看到偏见对我们的影响等一系列过程后才能真正理解并运用这些知识。

即使是在一些偶然或琐碎的事情上出错,我们也可以汲取有益的通用经验。在我十几岁时,我看了几集《蝙蝠侠》,这是 20 世纪 60 年代末在美国播出的一个电视剧,剧情荒诞夸张,穿着紧身连衣裤的成年男子边跑边喊"蝙蝠侠"。我最初认为这部电视剧是为 60 年代的观众准备的一部严肃的冒险剧,而当时的人们过于单纯,无法体会其荒诞性。后来我发现自己错了,《蝙蝠侠》一直以荒谬滑稽著称,我为自己的臆断感到吃惊。自那以后,我一直记得从中汲取的通用教训:"嗯……我不应匆忙下结论,认为其他人都是傻瓜。"

至此,我们探讨了侦察兵们对待错误的两种不同方式。第一,他们会根据实际情况逐渐修正自己的观点,这样就更容易接受与自己观点相反的证据。第二,他们将错误视为夯实技能的机会,一个让自己不再出错的机会,因此,意识到"我错了"对他们来说是痛并快乐着的宝贵经历。

如何对待错误,还有一个完全不同的视角值得我们注意。

"承认错误" vs "更新想法"

安德鲁是我的朋友。有一次,他的一位同事指责他从不承认错误。安德鲁很惊讶,随即指出最近两次犯错时,自己当着这位同事的面立即承认了错误。

这位同事,我叫他马克,也感到很惊讶。马克回答说:

"我想是有这么一回事。可是为什么我不觉得你在承认错误？"马克沉思了一分钟，说道："嗯……我想这是因为你承认错误时从来不觉得尴尬，你就事论事，让人觉得你不是在承认错误。"

马克说得没错。我见过安德鲁承认错误的样子，他通常这么说："啊，是的，你是对的。忘掉我之前说的话，我现在觉得我说得不对。"他承认错误就是这么愉快、直接、淡然，没有丝毫尴尬。

马克的话有一层隐含意义，即改变看法或承认错误是很丢脸的事情。说"我错了"相当于说"我搞砸了"，那是让人悔恨或羞惭的事。确实，我们通常都这样对待错误。就连那些和我一样鼓励大家改变看法的朋友也经常说"承认自己错了没什么大不了"。虽然这么说是出于好意，但未必能产生好的效果。"承认"这个词听起来像是你搞砸了，但应该得到原谅，因为你只是个普通人。用这个词意味着默认"出错即搞砸"这个前提。

侦察兵们否认这个前提。他们认为，根据新信息得出新结论，并不意味着过去持有某个不同的观点就是错误的，也不需为此感到懊悔。让我们感到懊悔的原因只有一个，那就是某种程度的疏忽导致了错误。比如，本应该知道这么做会出错，却还是这么做了，或由于故意无视、固执己见、粗心大意而导致出错。

这种情况有时候确实会发生。我曾经为一位公众人物鸣不平,因为我认为批评他的人都在断章取义,他其实没有那么不堪。他有一个采访遭到了人们的口诛笔伐。当我终于抽出时间去看那个采访时,我意识到:"哦,等等……批评他的人确实准确表达了他的想法。"我不得不收回之前维护他的话,也为自己的错误感到羞愧,因为我明明知道不应该在没有查证的情况下为某人辩解。我真的太大意了。

但大多数时候,出错并不意味着做错了什么,你不需要道歉。出了错,我们不应该急于辩解,也不应该自惭形秽,正确的态度应该是实事求是,就事论事。

侦察兵们如何描述出错?他们有时会用"更新想法"这个词,而不是"承认错误",这种措辞体现了侦察兵就事论事的态度。"更新想法"借鉴了"贝叶斯更新"这个概率论技术术语,即根据实时信息更新特定假设的概率。人们口语中使用"更新"不需要像数理统计学那样精确,但仍然体现了根据新论据更新观点的精髓。以下三位博主能帮助我们理解"更新"的概念(引文中对"更新"的强调为本人标注,原文未强调该词)。

- 精神病医生斯科特·亚历山大在一篇题为《学前教育:我错了》的博文中提到,在看到证据后,他对 Head Start 这样的早教机构所能发挥的长期效益变得更加乐观:"我不记得原来是否发过帖子,声称 Head Start 毫无用处,但我原来确实是这么认为的,现在发现其益处,大大'更新'

了我的知识库。"[8]
- 研究人员巴克·施莱格瑞斯与网友分享了自己在受到严厉批评后的做法:"一开始我根据他们的批评意见对自己的观点进行了大量反思和'更新',然后又花了10个小时思考并和他人讨论这个问题,最后我'更新'了70%的原有观点。"[9]
- 软件工程师兼产品经理德文·齐格尔告诉她的博客读者,她在博文中表达的观点并非一成不变的永恒观点,而是"有待'更新'的彼时想法"。[10]

我们不一定非得这么说话,但至少可以用"更新"而不是"承认错误"的思维来思考问题,这样我们会发现整个过程将变得顺畅许多。更新是常态化、不招摇的行为,与战战兢兢认错完全相反。更新是与时俱进,是进一步完善,意味着原有的并非是错的或失败的。

埃米特·希尔是全球最大的流媒体直播平台Twitch的首席执行官兼联合创始人。他过去认为承认错误很痛苦,因为承认错误让他的自尊心受到打击。随着时间的推移,他变得越来越能够泰然处之,不是因为自己比原来更温和或更谦卑了,而是因为他意识到出错并不意味着失败。"随着年龄的增长,我越来越容易出错,"他告诉我,"不能称之为出错,只是更新知识而已。我学到了新东西……不可以吗?"

如果你不改变看法,你就在做错事

戴维·科曼-希迪是美国非营利性组织人道联盟(Humane League)负责人,该组织是美国最重要的动物权利保护组织之一。[11] 人道联盟有一点与众不同:他们坚持认为自己并非完全正确,至少有一点错。每当有新员工加入该组织,科曼-希迪都会告诉他们,人道联盟不属于任何一种行动主义,也不致力于任何一场斗争、一个项目或一种战术方法。他们的使命是遵循证据,以最有效的方式帮助动物。"五年后我们做的事情如果和现在没有太大区别,那我们就失败了。"科曼-希迪说,"将来做的事情必须比我们现在做的事情更有意义,找到这件事就是我们的目标。"

这么做有时意味着要改变策略或初心。在成立初期,人道联盟专注于华而不实的示威活动,如在参与动物实验的科学家家附近设置纠察队。但他们发现,这种策略火药味太浓,效果不佳,就算将该策略运用到极致,所能拯救的动物数量也很有限。因此,他们最终将重心从实验室动物转移到农场动物,说服美国最大的鸡蛋供应商联合利华(鸡蛋市场占有率高达95%)停止宰杀雄鸡(由于雄鸡不产蛋,经济价值低,蛋鸡养殖业通常将孵化不久的雄性雏鸡扔进研磨机屠宰)。这意味着数十亿只鸡免受屠杀之苦。

有时,人道联盟为了遵循证据,就要放弃正在进行却效果不佳的事业,即使他们已经为这项事业投入大量精力。2014年,他们看到"周一无肉日"（Meatless Mondays）的倡议初见成效，感到很振奋。"周一无肉日"活动是指大型学校实施周一素食计划，学校食堂不提供肉食。看到"周一无肉日"的初步成效后，人道联盟在接下来的四个月时间里，投入大量人力和物力，游说美国各地学校实施"周一无肉日"计划。可是，他们后续调查发现，许多学校并没有坚持该计划。若缺乏持续支持（聘请厨师、提供培训等），该计划无法坚持下去，而人道联盟根本无力提供如此强大的后续支持。意识到该计划投入成本高、收效低，人道联盟不得不放弃："好吧，虽然大家干得好，但还是停止吧，回到以前做的事情。"

知道自己容易犯错不代表能够自动避免犯错，但至少能让我们尽早按阶段设定不同的目标，这样的话，一旦出错，我们也更容易接受。科曼-希迪说："直觉告诉我，如果我们经常提醒自己，不要总认为自己是对的，也不要总认为自己正在做的就是最好、最重要的事情……最后即使我们不是最好的，我们也更容易接受。因为我们一直在给自己打预防针，让自己不再害怕不完美。"

希望本章能帮助我们预防"出错恐惧症"，形成全新的错误观。发现自己错了不是原有想法的失败，而是原有想法的更新，我们的世界观就像一个需要不断修改的动态文件。在下一章中，我们将探讨改变看法的另一个关键方面。在了解如何对待错误后，我们来看看如何对待困惑。

第 11 章
允许自己产生困惑

我们先来看看下面这幅图片,仔细看,不着急。

山坡上的浣熊

看完后告诉我：你看到什么了？如果你不明白我为什么这么问，那就再看一次，再看仔细点。①

你第一眼看到的可能跟我和大多数人一样：嗯，我看到山坡上有两只浣熊，上面是天空。但随后在图片右侧，有一样东西引起了你的注意。那是一个……大石头？在天上？

你猜想有人朝天上扔了块石头，还没有落地，但内心并不完全认同这个解释。这个解释太牵强了。但还能是什么呢？过了片刻，你注意到另一个奇怪的细节，这个细节更加微妙。岩石侧面那条细细的白线是什么？

然后，你突然就明白了：那不是天空，是水，天空倒映在水中。岩石不是悬在半空，而是露出水面。我们不是往上看浣熊，而是往下看浣熊。

当现实与期望不符时，我们会如何反应？我们的反应决定了我们能否改变原有看法。有时，我们的反应是感到好奇，比如刚才看到浣熊照片后感觉不可思议，于是开始重新思考自己对此事的看法。

然而，当现实与我们的世界观发生冲突时，大多数时候我们会找借口为自己开脱。比如，认为自己不讨人喜欢的人可能会拒绝同事的社交活动邀请，理由是："他们邀请我只是出于同情。"认为自己是个好老师的人在看到学生给自己打出很低的评教分后，也许会这么辩解："学生之所以打分低，是因为

---

① 左边的浣熊没有黑色眼斑，这不是我们要讨论的话题。无黑色眼斑在浣熊中会偶尔出现。

侦察兵思维

我对他们太严厉了。"

在某种程度上,这种辩解是必需的,因为如果不断质疑自己对现实的看法,我们就无法在这个世界上生存。但如果过度沉迷于动机性推理,我们就会编出各种借口来搪塞相互矛盾的证据,而不是退后一步对自己说:"等等,这个地方我是不是理解错了?"

二战期间就发生了这种悲剧性事件。时任加州州长厄尔·沃伦认为日裔美国公民正在密谋破坏美国对日战争。有人提醒他,目前并没有任何证据能证明他的怀疑。沃伦却说缺乏证据恰恰证明了阴谋的存在。"我认为,缺乏证据是整个局势中最不祥的征兆,"他说,"我们被表面的安全蒙蔽了。"[1]

当发现某些细节与自己的观点不符时,我们可能会有忽略这些细节的冲动。本章要讨论的内容就是如何克制这种冲动,让自己对这些细节充满好奇,就像对浣熊图片中神秘的浮石充满好奇一样,让好奇心驱动我们不断探索,最终找到问题的答案。接下来,我们将看到一些案例,在这些案例中,世界并没有像人们预期的那样,我们看看好奇能带来什么不同。

孔雀尾巴之谜

"看到孔雀尾巴上的羽毛,我就想吐!"[2]

这是查尔斯·达尔文在1860年写给朋友的一封信中的一句话。当时《物种起源》已经出版一年,他的进化论在国际上引发了激烈的争论。他在信中半开玩笑地说看到孔雀的尾巴就想吐。孔雀的尾羽虽然漂亮，但似乎对他花费数十年心血发展而成的理论构成了直接威胁，为了这个理论，他赌上了自己一生的学术声誉。

达尔文的自然选择进化论认为，有助于动物生存的特征会遗传给后代，而无助于生存的特征则会逐渐被淘汰。孔雀的尾巴华丽而巨大，高达5英尺[①]。这样的尾巴只会加重孔雀的身体负担，使其难以逃脱捕食者的猎杀，所以这样的尾巴为什么没有被淘汰，反而进化至今？

达尔文并不认为自己思维敏捷或极具分析能力。他记性差，无法跟上冗长的数学论证。然而，达尔文认为自己拥有一个重要品质，可以弥补这些缺点，即对知识的渴求——渴望弄清楚世界如何运作。从记事起，他就渴求了解周围的世界。为了避免动机性推理，他始终遵循着一条"黄金法则"：

> ……每当出现一个新事实、新观察或新想法时，如果它们与我的一般想法相反，我会毫不犹豫地立即将其记录下来。因为经验告诉我，这些事实和想法很容易被遗忘，人们更倾向于记住那些有利于自己的事实和想法。[3]

因此，尽管孔雀的尾巴让他焦虑不安，达尔文还是忍不住

[①] 1英尺≈0.3米。——编者注

要去找到答案。自然选择论如何才能解释这一现象呢？

几年后，一个令人信服的答案初具雏形。自然选择并非生物进化的唯一方式。"性选择"是生物进化的另一个重要方式。有些特征，如华丽的大尾巴，对异性尤其具有吸引力。因此，随着时间的推移，这些特征可能会在某一物种中普遍化，因为即使这些特征可能对动物的生存造成威胁，它们也会提高动物的繁殖概率，而后者的概率可能超过前者。

具有讽刺意味的是，让达尔文忧心忡忡的羽毛最终却加固了他的理论。产生这种结果并非第一次。在达尔文研究物种起源的过程中，每观察到一个现象与自己的理论相矛盾时，他都会持续跟进，苦苦思索，然后对自己的理论进行相应的修改和完善。进化论提出之初虽遭到强烈抵制，但由于他的理论基础扎实、证据充分，在十年的时间里便得到了大多数科学权威的认可。

意外的外星人攻击

在《星际迷航：原初系列》第一季第十六集中，企业号星舰的穿梭机紧急降落在一颗敌对的异形星球上。斯波克负责指挥，他决定让企业号机组人员鸣枪示警，展示他们的高级武器，外星人看到自己实力不够后必将撤退。

可是事情并没有像斯波克预想的那样发展。外星人非但没有撤退，反而被企业号表现出的侵略行为激怒，他们发动进攻，杀死了两名机组人员。星舰上的医生麦考伊斥责斯波克的计划失败了。

  麦考伊：嗯，斯波克先生，我们并没有威慑住他们，对吗？

  斯波克：太不合逻辑了。按道理，看到我们的高级武器，他们应该逃跑。

  麦考伊：你是说他们应该敬畏我们？

  斯波克：当然！

  麦考伊：斯波克先生，敬畏是理性反应。你有没有想过他们的反应可能会情绪化，比如愤怒？

  斯波克：医生，我无法对他们不可预测的反应负责。

  麦考伊：可是，对任何有情感的人来说，这种反应完全可以预测。你还是承认吧，斯波克先生。你宝贵的逻辑推理让我们遭到外星人攻击！[4]

  好了，看看符合逻辑会带来什么后果？"人死了"。

  没有啦，我在开玩笑。斯波克的推理其实并不合乎逻辑。他仅关注自己认为人们"应该"如何思考，却忽略了人们"实际"会如何思考。在此之前的几年间，斯波克已多次接触其他非瓦肯人，有很多机会看到这些人从不按照他预期的套路行事。那么他为什么没有从这些经历中吸取教训，从而提高自己预测人们行为的能力呢？因为每当有人违背了他的期望，他总是耸耸肩说:"好吧,他们的行为不符合逻辑"。他却从不试图了解自己哪方面做得不够。

第 10 章提到泰特洛克的七大辩解理由,并详细讨论了"我差点就对了"这一类辩解。斯波克对自己预测失败的辩解属于这七类辩解中的"政治永远无法预测":当自己充满信心的预测没有实现时,预测者们总是耸耸肩说:"好吧,这玩意儿没法预测。"[5] 如果他们仅仅是为了不断证明不可知论,那就另当别论了。但奇怪的是,每次进行下一个预测时,这些预测者又魔幻般地再次对自己预测全球政治的能力充满信心。

当他人行为与我们的预测不相符时,采取不屑一顾的态度显然无益于我们提高预测能力。面对外星人出乎意料的攻击,斯波克本应该问自己:"我忽略了什么?这样的攻击行为对他们有何意义?"

事实上,一个国家尽管处于劣势,但仍选择进攻的原因有很多。长期以来,学者和军事战略家们对此进行了不懈的探索。政治学家布鲁斯·布埃诺·德·梅斯基塔对 1816—1974 年民族国家之间的冲突进行了分类,发现其中 22% 的冲突属于弱国攻击强国。[6] 在这些冲突中,弱国要么面临更大的危险,要么寻求盟友支持。弱国甚至还会采取极端的"疯子"策略:让自己看起来像不可预测的疯子,大有同归于尽之意,让敌人认为与"疯子"斗风险太大而放弃作战。了解这些因素有助于我们为未来的攻击做好准备,以免陷入猝不及防的危险。

解开不理智行为之谜

刚才我举了斯波克预测失败的例子，再次以他为例并非为了斥责他（嗯，不仅仅是因为这个）。当某人的行为不符合我们的预期时，我们就认为其愚蠢、不理智或疯狂，这种反应很常见，但也表明我们忽略了某些东西。顶级谈判专家都强调一点：不要认为对方疯了。当对方的行为让你感到困惑时，你要抓住这个困惑，让它成为你找到答案的线索。你会发现，这个线索经常引导你找到所需信息，进而化解谈判危机。

哈佛商学院谈判专家马克斯·巴泽曼和迪帕克·马尔霍特拉在《哈佛经典谈判术》一书中描述了一位公司高管的案例。该公司的一名前员工声称，公司解雇他时尚未支付其13万美元的工资，故而起诉了该公司。公司核算之后发现员工弄错了，于是寄给他核算结果，告诉他所有工资均已结清，公司不欠他任何钱，但该员工仍然拒绝撤诉。

这位高管是迪帕克·马尔霍特拉的客户，他认为这名前员工因自己无法胜诉而变得完全不可理喻。马尔霍特拉建议道："有没有可能他不信任你的会计师？"他劝高管聘请一家客观的第三方会计师事务所进行核算，并将结果直接寄给这位前员工。果然，他撤诉了。[7] 克里斯·沃斯曾是美国联邦调查局国际人质绑架案的首席谈判专家。在其畅销书《强势谈判》中，他强调一定要允许自己感到困惑。"我们会听到或看到某些无法理解的事——某些在我们看来很'疯狂'的事，这时就出现了一个关键的岔路口,"他写道,"我们可以选择那条让我们感到困惑的道路,勇往直前,毫不畏惧;也可以选择另一条路,一条注定失败的路。在这条路上,我们告诉自己谈判终将毫无用处。"[8]

尴尬的交谈

想象一下,你正和某人聊天,但聊得很不顺畅。事实上,你俩都觉得非常尴尬,彼此都听不懂对方的笑话或提到的梗。聊天过程中,不时出现长时间的停顿,于是某一方只好换一个话题打破停顿的尴尬。双方都觉得……尬死。最后,对方说道:"嗯,有点尴尬!"

你觉得对方说"有点尴尬"会让情况变得更好还是更糟?对我来说,答案是显而易见的:当谈话的一方说"太尴尬了",只会让谈话变得更尴尬,情况也就变得更糟。因此,当一位朋友告诉我,我俩之间的交谈很尴尬时,我觉得难以置信。"他为什么要这么说?"

我想:"难道他没有意识到这么说话只会让事情变得更糟吗?"

我决定把这个问题发到脸书上,看看我的网友如何回答。我把当时的情景大概描述了一下,问道:"对方跟你说谈话很尴尬会让你感觉更好还是更糟?"(我从第三方的角度描述了整个情景,不涉及任何个人信息,提问时也尽可能中立,这样人们就无法猜测我持什么观点)。

我原以为大多数人的想法跟我一样，但我错了。令我惊讶的是，32 人认为指出尴尬会让情况变得更好，只有 16 人认为指出尴尬会让情况变得更糟。

但是，对于这种结果，我的第一反应是不以为然。"认为'更好'的人并非真的这么想，"我想，"他们可能没有真正对当时的情景感同身受。"

我对自己的这个解释不太满意，感觉有些牵强，就像"岩石在空中飞过"无法解释浣熊照片一样。这么多人表达了某种观点，却并非自己真实的想法，这合理吗？

最后，我和 32 位中的一位网友就这个问题进行了交谈。听到我的想法后，他感到很惊讶，犹如当初我对他的回答感到惊讶一样。我努力解释道："你看，当对方说聊天很尴尬时，我不得不立即找到化解尴尬的办法。但事实上我一直在努力化解尴尬，所以他这么说只是增加了我的时间压力。"

"等等，你觉得让谈话顺利进行是你的责任吗？"他难以置信地问道。

"难道你不这么认为吗？"我同样难以置信地回答道。

我意识到，每个人对社交情景的体验都与他人的体验存在巨大差异，而我低估了这种差异。这种意识改变了我应对粗鲁、轻率或不合理行为的一贯方式。以前，我对这种行为感到愤怒，不会继续思考其背后的原因，现在我更倾向于认为，人们只是以各自不同的方式看待社会情景，而我对这种差异越来越感到好奇。

顺势疗法医院之谜

19世纪50年代的伦敦是一个可怕的地方。每隔几年，霍乱疫情就在这个城市暴发肆虐，每次造成数百或数千人死亡。健康的人从感觉腹部有点不适到死亡，仅仅几天甚至几个小时。

政府委托某科学家委员会对该市的医院进行调查，记录医院治疗霍乱的方法，并找出看起来更有效的治疗方法。调查结果令人失望。在医院接受治疗的霍乱患者死亡率为46%，基本与未经治疗的霍乱病死率持平。所有标准"治疗药物"，如鸦片、甘汞和蓖麻油，似乎都不起作用。

但伦敦顺势疗法医院没有被纳入调查范围。这是一家小型医疗机构，几年前由捐赠者资助成立，这些捐赠者热衷于一种名为"顺势疗法"的新潮医学疗法。19世纪的主流医生和当今的医生一样，对顺势疗法不屑一顾。其核心理论是将药物高度稀释直至与纯净水在外观上别无二致，但稀释后的药剂仍保留原始药物的"精神力量"，而且药效变得更加强大。其原理荒谬可笑，毫无科学道理。

令委员会惊讶和恼火的是，伦敦顺势疗法医院报告的霍乱死亡率仅为18%，不到主流医院死亡率的一半。委员会于是决定将伦敦顺势疗法医院的数据排除在调查之外。[9] 顺势疗法毕竟是无稽之谈！这种数据只会混淆调查结论。更糟糕的是，这是对科学和理性本身莫大的侮辱。

太遗憾了。如果委员会能够进一步调查这个令人惊讶的结果，而不是隐瞒压制，我们的医学水平可能会从此发展得更快。毕竟顺势疗法医院的成功是真实存在的，只不过它的成功与顺势疗法无关。事实证明，顺势疗法的主要推动人偶然发现了治疗霍乱的两个关键。一个关键是保持良好的卫生。他们敦促医生在重复使用病人的毯子之前一定要消毒。另一个关键是，他们建议霍乱患者喝乳清，这有助于补充患者的体液和电解质。这基本上就是我们现在称之为口服补液疗法的雏形，这种治疗从 20 世纪 60 年代开始成为霍乱的标准疗法。

这两条建议都跟顺势疗法的核心理论无关，其基础仅仅是某些正确的直觉，即关于如何才能帮助人们尽快好起来的直觉。如果委员会对顺势疗法医院的惊人结果感到好奇并进一步调查，那么这些直觉很可能会比实际早几十年成为医学正统，从而挽救数百万人的生命。

这就是令人惊讶和困惑的观察结果能带给我们的好处。我们事先并不知道这些观察结果能带来什么。我们通常认为对于一个问题，要么"我是对的"，要么"对方是对的"，而后者听起来很可笑，所以我们往往选择"我是对的"。但很多时候，我们还有一个未知的、隐藏的"选项 C"，它以我们无法预料的方式丰富了我们对世界的认知。

所有这些例子都证明了一个令人困惑的观察结果将改变我们对世界的看法。通常情况下，随着令人费解的观察结果不断增长堆积，最终将改变我们的思维模式，这是一种范式转变。目前，"范式转变"是商界广泛使用的一个时髦词，主要指方法上的重大变革（或者更常见的，是指某种小变革，但有人试图将其描述为重大变革）。然而，根据哲学家托马斯·库恩在《科学革命的结构》一节中所述，"范式转变"最初是指科学取得进步的某种特定方式。

范式转变始于某一大家都认可的核心观念或范式。然后，一些人渐渐观察到某些似乎不符合这种范式的异常现象。起初，科学家们将这些异常视为例外或错误，不予理会，或者他们会根据新的观察结果一点点地修改原有范式。随着异常现象越来越多，科学家们变得越来越困惑，直到有人最终构建出一种新的范式，让一切重新变得合情合理。

生活中范式转变的原则与科学中的范式转变相同。即使我们还不知道如何解释出现的异常，即使旧范式总体上看起来仍然正确，我们也要承认异常情况的存在。也许这些异常最终证明没什么特别的，或只是证明现实世界的纷繁复杂，但也许它们正在为观念的重大转变奠定基础。

异常现象的不断累积终将导致范式转变

唐娜20岁出头，在一家餐馆工作，但她一直认为这份工作毫无前途，对自己的未来感到一片茫然，意志消沉。一天，她看到护肤品公司Rodan+Fields招聘独立销售代表的广告，这让处于人生低谷的唐娜看到了希望。她居住的小镇毫无成功的机会。现在能够独立创业，为自己工作，听起来真的很棒。于是她和Rodan+Fields签了合同，支付了1000美元购买公司强烈推荐的"如何销售"创业秘籍。

唐娜当时不知道，Rodan+Fields跟安利和康宝莱一样是一家多层次直销公司（MLM）。在MLM中取得成功的方法是招募更多的分销商成为你的下线，从他们的利润中分一杯羹。其本质就是，一个人赚钱，其他许多人亏钱。数据是残酷的：据美国联邦贸易委员会统计，99%以上的MLM分销商最终得到的钱比他们加入公司时还要少（此外，还有投入的时间成本）。

但唐娜对这一切一无所知，她满怀希望投入了新的工作。她开始向所有认识的人推销公司的乳液和面霜，在脸书上发广告，从公司购买了更多关于成功销售秘诀的教学视频。但她的销售额根本不足以抵销购买产品的成本，更别说她的"上线"——招募她的女经销商，还要从她的销售中扣除一部分佣金。

唐娜很困惑。当初的招聘宣传听起来如此轻松自由，但实际上根本不是那么一回事。"不是说让我成为独立的创业者吗？"她惊恐地想。[10]她困惑的地方还不止这些。她发现所谓的教学视频似乎并没有带给她任何有用的信息。女同事说的事情和她亲身经历的事情互相矛盾。一些刚生完孩子的女同事滔滔不绝地吹嘘她们是如何一边照顾孩子，一边工作赚钱的。唐娜以前也照顾过新生儿，她不明白怎么有人能够二者同时兼顾。

她的上线向她保证这种营销模式能赚钱，如果失败了，那是因为她不够努力。于是，唐娜努力用"这种营销模式能赚钱"的范式来解释不断出现的异常现象。毕竟，Rodan+Fields公司得到了许多知名人士的认可。应该是合法的，对吧？她感到很痛苦，开始责备自己。她说："我认为，一旦我学到更多或提高水平，我不明白的'为什么'就会迎刃而解。"

终于，范式转变发生了。

唐娜在浏览网飞时，看到了一个名为《"科学教"与劫后余生》(Scientology and the Aftermath)的节目，这是一部由女演员丽亚·雷米尼制作的系列纪录片。在纪录片中，雷米尼讲述了自己在加入"科学教"后遭到的虐待和骚扰，并采访了其他前"科学教"信徒，他们也经常遭到类似的迫害。看完这部系列纪录片的简介后，唐娜想："嗯，疯狂的邪教，可以看看。"在观看过程中，她越来越觉得自己的经历与"科学教"信徒的经历何其相似。"科学教"领袖说话的方式、金字塔形的组织结构等，唐娜感觉屏幕上的一切就像在展现自己过去一年的经历。唐娜开始回忆自己在 Rodan+Fields 经历过的种种困惑：承诺她的是"轻松有趣"的工作，可现实中的她却为了生计苦苦挣扎；她的销售伙伴从未给予她任何支持；更有甚者，有的同事甚至吹嘘能够一边照顾新生儿，一边赚大钱。所有这些异常现象只有在新的范式下才能得到合理的解释，这个范式就是："这个组织在剥削我。"

带着一丝怀疑，唐娜开始着手寻找真相。很快她就在网上找到了有关 MLM 公司的事实报道，看到了很多人和她一样为 MLM 公司卖命工作多年，最终却负债累累。这样的真相让唐娜崩溃大哭。不过庆幸的是，她也就损失了 2000 美元，浪费了一年的时间。网上的报道告诉她，如果没有及时发现真相，她可能会陷入更糟糕的境地。

乍一看，唐娜的思想变化似乎是突然发生的：一开始对 MLM 深信不疑，突然就意识到一切都是骗局。但她思想上能够"突然"转变得益于过去几个月量的积累。过去几个月，即使她总体上依然相信"这种营销模式能赚钱"，但她同时也注意到了一些异常现象。这些现象，也就是她"不明白的'为什么'"，在老范式下难以解释。

为什么唐娜在几个月后就能成功脱离 MLM 组织，而有的人却深受其害许多年？其中的关键因素就是：是否注意到不符合预期的异常现象，是否发现任何关于这些现象的解释都很牵强，是否允许自己感到困惑。

然而，许多 MLM 销售人员却努力赶走自己的疑虑，因为公司领导层经常告诉他们，消极的想法将导致失败。于是，即使月月亏钱，他们也不会问自己："嗯，好奇怪啊，为什么我整天努力工作，却总在赔钱？"他们总是说："我想我还不够努力。"就这样，每次出现异常现象，都被他们轻而易举地打发了。

这种总想将现实和预期之间的差距最小化的做法被决策研究者加里·克莱因称为"忽略微不足道的异常"[11]，他在其著作《如何作出正确决策》中将此列为导致错误决策的三大原因之一。比如，医生诊断病情，每出现与自己最初诊断不符的新证据时，医生都认为纯属偶然而轻易忽略，导致其永远无法意识到自己的最初诊断属于误诊。再比如，指挥战斗的将军一直认定"敌人正在溃败"，战场上出现任何新形势，他都力图用这种范式进行解读，最后终于意识到敌人实际上已重新集结准备反攻，但为时已晚。如果这些人在决策时能够后退一步，仔细思考所有异常情况，他们就能发现自己的范式实际是错的。但由于每次发现的异常现象都被他们轻易忽略，这些异常现象无法达到量的积累，他们也因此失去了产生困惑进而发现真相的机会。

当然，我们也不能走另一个极端，即不能一发现一个矛盾的证据，就将原有范式全盘否定。聪明的决策者在发现某些现象与自己的理论相冲突时，他们会尽力用自己的理论解释这些现象，但同时也对自己说：这一现象稍微（或大幅）拓展了我的理论。当原有理论被多次拓展时，我们就出现了困惑，承认原有理论已无法解释新的现象，于是我们开始探寻新的范式解读。与克莱因合作的研究者马文·科恩将这种现象比作弹簧的拉伸："每次决策者在解释一条矛盾的证据时，就像在拉伸一根弹簧。最终，弹簧拉力达到极限，不堪重负下反弹回来。"[12]

范式转变的过程会很煎熬。比如，即使不确定，也要采取行动；明知原有范式有缺陷，与现实存在矛盾，也明知这个范式可能是错的，最终可能会被淘汰，但在新范式尚未形成之前还得遵照原有范式行动。若出现的新现象与原有范式相矛盾，为了尽快解决这个矛盾，我们倾向于用各种牵强的解释来捍卫原有范式，竭力让这些新现象看似依然符合原有范式。范式转变能否成功，取决于我们能否抵制这种倾向，并允许自己困惑几天、几周甚至几年。

允许自己困惑

20世纪90年代末或21世纪初的美国基督教少年，很可能都读过《不再约会》这本书。该书作者约书亚·哈里斯是一位牧师的儿子，在创作这本书时年仅21岁，他在书中鼓励基督徒婚前不要约会，以保持自己对未来配偶的纯洁。

《不再约会》销量超过100万册，哈里斯因此一举成名。但从21世纪初开始，当时哈里斯已成为一名牧师，他收到越来越多的读者反馈，他们说自己十几岁时读了这本书，并对书中的内容深信不疑，但现在感觉这本书毁了自己的生活。"你的书成了对付我的武器。"一位女士在推特上说。[13]另一位女士说："我觉得我只配得上跟我一样一蹶不振的男人。""由于你书中关于纯洁运动的可耻言论，性被玷污了，"一位已婚男性读者写道，"直到今天，每当与妻子亲密接触时，我都觉得自己在犯错。"

起初，哈里斯认为这些网上批评者是因为恨他才发此评论。但后来他开始听到自己的同学也有类似评论，他们也觉得这本书对自己的生活产生了负面影响。这让哈里斯感到震惊。既然现实生活中的朋友也这么评论他的书，他就不能简单地认为他们是出于仇恨或愤怒才会如此评论。同学的评论在"我的书没问题"的范式下很难解释。

2016年，哈里斯开始公开表达自己对《不再约会》的质疑。但当记者们追问他是否正式否定了自己的书时，他说不是："我需要听听人们的想法才能做出最后判断，目前我还没有找到全部答案。"

我们先让哈里斯慢慢寻找答案吧，允许他有困惑，正如我们也要允许自己有困惑。他最后找到什么样的答案，我们以后再揭晓。

允许自己有困惑意味着改变自己看待世界的习惯方式。不要轻易否认那些与我们已有观点相矛盾的证据，要对这些证据充满好奇。当人们没有按我们认为的方式行事时，不要想当然地认为他们不理性，要问问自己他们的行为是否可能是理性的。不要试图用已有的理论去牵强地解释令人困惑的现象，要将这些现象视为发现新理论的线索。

侦察兵们将异常现象视为探索世界时收集的一块块拼图碎片。一开始可能不知道这些碎片意味着什么，但当我们经过不懈的努力将它们拼在一起后，我们可能会发现这些碎片构成了一幅比以前更丰富的世界图景。据说美国著名科幻小说家艾萨克·阿西莫夫曾说过这么一句话："最令科学界激动的话，也就是预示着新发现的话，不是'找到了'，而是'这很有趣……'。"

第 12 章

学会倾听不同的声音

你以前可能听过类似这样的话:"倾听对方的声音很重要!学会倾听不同的声音!不要只看自己想看的信息或只听自己喜欢听的话!这样你才能拓宽视野,改变看法。"

这样的建议听起来不错;善意的人会不断提出这种建议,而其他的好心人也会热情地随声附和。

可惜的是,这种建议根本不起作用。

如何更好地倾听不同的声音

我怀疑提这种建议的好心人某种程度上已经知道这个建议根本行不通。我们都有在脸书上被人强烈反对的经历,反对我们的人可能是与我们世界观截然不同的一位老同学或远房表兄。他们言辞凿凿，认为我们关于堕胎的看法不道德或我们的政党无能，可是听完他们的意见，我们通常都不以为然。

尽管如此，依然有很多文章和图书强烈警告只听附和的声音会让我们思想封闭。许多人都将这一警告铭记在心，努力倾听来自"对方"的声音。然而，结果通常令人沮丧。

2019 年，自由派记者雷切尔·普雷维蒂花了一周时间，只观看偏保守派的福克斯新闻频道。事后她对这一经历的描述在我看到的类似经历中极具代表性："我不想总是说'哦，天哪，看看保守派都在想什么！'，所以这次努力尝试看看保守派说的话是否有积极的一面，"普雷维蒂说道，"但老实说，除了抨击自由派，很难看到他们其他真正想要表达的东西。"[1]

2017 年，密歇根州的一家杂志社做了一个双向的"倾听不同声音"实验。[2] 实验为期一周，让持自由派观点的受试者与持保守派观点的受试者交换阅读或收听对方喜欢的新闻。自由派受试者是埃里克·克努斯和吉姆·莱亚，他们住在密歇根安娜堡市，都在密歇根大学工作，喜欢收听美国全国公共广播电台（NPR）节目，是《纽约时报》和知名女权网站 Jezebel 的忠实读者。保守派受试者是退休工程师汤姆·赫本，他住在底特律郊区，是唐纳德·特朗普的狂热支持者。赫本每天阅读"德拉吉报道"新闻网站，收听"爱国者"电台。爱国者是一个谈话电台，主持人都是保守派人士，如美国主持人肖恩·汉尼提。

克努斯和莱亚同意阅读德拉吉报道，收听爱国者。作为交换,赫本同意阅读《纽约时报》和 Jezebel,在家时收听 NPR。一周后,杂志社采访了三名受试人员,问他们是否学到了新的东西。

他们都学到了新东西:每个人都发现"对方"比自己之前想象的更偏颇、更不准确、更令人讨厌。莱亚以前从未听过爱国者广播,觉得很震惊。他这么描述赫本,"我真的很难过,居然有人整天听这个电台,里面的人和他一模一样,说的话也正是他想听的"。赫本则非常讨厌 Jezebel 和《纽约时报》,实验进行到一半时就放弃了阅读(不过他确实坚持了整整一周时间收听 NPR)。他说:"对我知道的事实进行不实报道,很快就让我感到厌烦。如果人们不知道事实是什么,问题就严重了。"

如果这些实验在你看来还不够正式,那我们再来看看 2018 年开展的一项类似的大规模研究。[3] 研究人员为参加实验的推特用户提供 11 美元的报酬,让他们使用一个由程序自动推送信息的推特账户,接收来自对立政治立场人物的推文。也就是说,自由派推特用户每天会收到算法推送的 24 条来自保守派人物的推文,包括保守派政治家、媒体、非营利性组织和学者。保守派推特用户每天收到算法推送的 24 条来自自由派人物的推文。为了确保参与者确实阅读了算法推送的推文,研究人员每周都会就推文内容进行测试。

一个月后,研究人员测量了实验参与者的政治态度是否因每天阅读对方观点而变得中立,结果恰恰相反。在阅读自由派推文一个月后,保守派的保守程度反而大幅增加。而阅读保守派推文一个月后的自由派，其自由程度较原来有小幅增长（不具备统计学上的显著性差异）。这样的结果似乎全盘否定了"要倾听不同的声音"，但情况并非真的那么糟糕。这些失败的实验似乎告诉我们，人们不可能倾听反对的意见。其实不然，这些实验之所以失败，是因为我们的实验方法完全错了。

在倾听反对意见时，选择听谁说很重要，我们的错误在于选择对象出错。我们通常默认去听取与我们意见相左的人，以及最能代表"对方"意见的公众人物和媒体，但这样的选择标准并不合理。首先，什么样的人最有可能提反对意见？一个讨厌的人（比如，他会说"你在脸书上分享的这篇文章完全是胡说八道，让我来教育你……"）。其次，什么样的人或媒体可能成为一种意识形态的公认代表？那些赞成己方，嘲笑或讽刺对方的人，比如你自己。

为了让自己更好地倾听不同的声音，我们应该选择倾听那些自己更容易接受的对象：我们喜欢或尊敬的人，即使我们不同意他们的观点也无妨；与我们有共同点的人，如有共同的知识基础或共同的核心价值观，即使在其他问题上与我们的意见相左；我们认为通情达理的人，如承认存在细微差异及不确定性，能够真诚地讨论问题的人等。

倾听通情达理的人的意见

想象红迪网上一群女权主义者和一群反女权主义者正在辩

论，你会用哪些词来描述这场辩论？"令人沮丧的"？"糟糕的"？抑或"灾难性的"？

这些词通常情况下是准确的。但几年来，红迪子版块 r/FeMRA 上的辩论却并非如此。[4] r/FeMRA 版块创建于 2014 年，是女权主义者和男权活动家（MRA）讨论分歧的地方。① 其独特之处在于，辩论主席从一开始就注意制定行为准则：不得侮辱其他成员或使用"女权纳粹""肥宅"等绰号；不得一概而论，要就特定的人或特定的观点表达不同意见，不得将某一个人的观点视为所有"女权主义者"的观点。

由于这些准则以及论坛创始成员的积极影响，r/FeMRA 版块极大避免了"灾难性"问题的发生。在其他线上辩论中，通常很少能看到下面这种评论。

> 我浏览了你的文章，是的，事实上，这点我错了。[5]
>
> 我不再因为人们"不接受这个观点"而责怪他们。我想他们的观点是合理的。[6]
>
> 我并不总是同意另一位评论者……但如果有人能说服我成为一名女权主义者，那肯定是她。[7]

刚加入该版块时，女权主义者和男权活动家对彼此的看法都持有异议，但随着时间的推移，他们经常改变自己的看法。

---

① 男权运动认为社会歧视男了。男权主义者经常反对女权主义。

比如，一位名叫拉希德的成员告诉我，他曾经对女权主义者的说法持怀疑态度，他不相信女权主义者说的女性强奸受害者经常受到指责，人们没有给予受害者足够的重视。但在 r/FeMRA 论坛上和一些女权主义者讨论后，他认为这种情况发生的频率远比他想象的要高得多。

拉希德在刚加入 r/FeMRA 论坛时认为自己是"反女权主义者"，但后来他放弃了这个标签。是什么改变了他的想法？拉希德告诉我，在女权主义者与自己真诚讨论问题的过程中，自己的想法慢慢改变了。"过去，反女权主义者为了突显女权主义的荒谬，经常向我展现女权主义者最糟糕的'形象'。"拉希德说。因此，他一直认为女权主义比实际展现的要糟糕得多。另一边，女权主义者也在改变自己的看法。该论坛的一位创始人——一位女权主义者，开始看到女权主义理论中的某些概念存在缺陷，比如"父权制"。她也开始更加关注男权活动家们强调的一些问题，比如对男性的性侵犯。她曾给经常与自己辩论的辩友发过一条信息，在这条信息中，她真诚地写道："你们可以看到我在很多自己都数不清的问题上改变了立场……你们让我总体上更加接受男权运动，让我意识到许多男性问题的重要性。"[8]

倾听与我们有共同知识基础的人的意见

在第 10 章，我们提到气候变化怀疑论者杰瑞·泰勒震惊地发现，自己一直信任的气候科学家居然歪曲了事实，而且自己一直引用的证据也比想象的要脆弱，他感到很不安。尽管如此，他仍然认为气候变化怀疑论的基本论点是正确的……但他对自己的观点已经不像以前那么确定了。

多年来，泰勒一直处于不确定中，直到有一天在朋友的安排下，他和气候活动家鲍勃·利特曼见了一面后才从困惑中解脱出来。[9]"活动家"在我们的印象中可能是一个身上染得五颜六色的人，用麻绳把自己绑在树上以示抗议。但利特曼不具有这种典型特征。他在高盛工作了二十余年，随后创立了自己的投资咨询公司——Kepos Capital。

利特曼是风险管理领域的著名人物，他开发了一种最受欢迎的投资模型，帮助投资者优化投资组合。

2014年，泰勒与利特曼在卡托研究所会面。利特曼论证了为何要采取措施应对气候变化，他提出的论据泰勒之前从未听说过。利特曼说，灾难性气候变化是一种不可分散的风险，即不能通过分散化投资来消除的风险。正常情况下，投资者愿意支付巨额资金以避免不可分散的风险。按照同样的逻辑，利特曼认为，我们整个社会应该愿意投入大量资金来防止发生灾难性气候变化。

利特曼、泰勒和泰勒的一位同事争论了一个半小时。利特曼离开后，泰勒转向他的同事说："看来我们的观点已经崩塌了。"在那次谈话后不久，泰勒离开了卡托研究所，成为一名气候活动家，他是迄今为止唯一一位改变立场的专业气候变化怀疑论者。

为什么利特曼的不同意见会让泰勒产生如此大的变化？泰勒后来说，那是因为尽管利特曼关于气候变化持有相反的观点，但他却"立刻赢得了我的信任。他来自华尔街，是一个温和的自由意志主义者"。[10]

当某人拥有和我们一样的知识基础时，我们就更容易接受他的观点，而且他还可以用我们的"语言"来解释他的立场。利特曼支持气候行动的理由源自经济学和不确定性，经济学用语在泰勒看来很有说服力。对于像泰勒这样的人，用经济学术语来论证气候变化远比谈论人类对地球母亲的道德责任更有力量，前者的一次对话远比后者的一百次对话更有价值。

倾听与我们志同道合的人的意见

我的朋友凯尔西·派珀是美国沃克斯新闻（Vox）的记者，她报道慈善事业、技术发展、政治和其他影响全球福祉的问题。凯尔西是一位无神论者，她的一个好朋友，我叫她珍，是一位虔诚的天主教徒。两人信仰上的巨大差异，常常导致两人的观点出现巨大分歧，尤其在同性恋、节育、婚前性行为或安乐死等问题上无法认同对方。当一个人的道德立场源于某些宗教观念，而另一个人并不认同这些宗教观念时，两人就很难在思想上达成共识。

但凯尔西和珍有一个共同点，她们都想尽自己最大的努力让世界变得更美好。她俩都加入了有效利他主义运动，该运动致力于寻找高效的、可行的行善方式。这一共同目标增进了她们之间的友谊和信任，让凯尔西更愿意敞开心扉倾听珍的观点。

经常与珍聊天，凯尔西关于堕胎的观点逐渐发生了变化。起初，她坚定地支持堕胎合法化。她认为胎儿没有足够的感知能力，在道德层面上不能算作"人"，因此堕胎并非不道德行为。

在与珍多次交谈后，凯尔西开始有些认同反堕胎观点了。她告诉我说，尽管她认为胎儿不太可能有感知，"但如果我充分了解了胎儿的形成过程，我最终可能会说，'哦，是的，胎儿死亡让人感到悲伤'"。现在，虽然凯尔西仍然强烈支持合法堕胎，但她会认真思考堕胎本身可能是一个糟糕的结果，因此我们应该更努力地防止堕胎的发生。

如果凯尔西没有真正努力去理解珍的观点，如果她不觉得珍是和自己并肩作战、让世界变得更好的盟友，一个和自己有着共同担忧的盟友，那么这种思想转变就不可能发生。感觉自己是团队中重要的一员，可以促进我们相互学习，即使我们的世界观在其他方面存在巨大差异。

与竞争对手组成团队未必是好事

1860年亚伯拉罕·林肯当选美国总统后，邀请其共和党候选人提名的主要对手西蒙·卡梅伦、爱德华·贝茨、萨蒙·蔡斯和威廉·苏厄德加入新组成的内阁。历史学家多丽丝·科恩斯·古德温在其2005年的畅销书《林肯与劲敌幕僚》中，讲述了林肯化对手为良伴、化宿敌为诤友的经典故事。[11]

一些图书和文章经常引用林肯邀请竞争对手加入团队的典故来鼓励人们听取不同意见。哈佛大学法学教授卡斯·桑斯坦在其著作《走向极端》(*Going to Extremes*)中写道："林肯有意识地选择了观点各异的人加入团队，他们敢于质疑他的观点，核实彼此的论据，以做出最明智的判断。"[12]巴拉克·奥巴马称林肯的"竞争对手团队"为自己的执政带来了灵感，赞扬林肯"高度自信，敢于让持不同政见的人加入自己的内阁"。[13]

在阅读《林肯与劲敌幕僚》之前，我也听过林肯的"竞争对手团队"这个故事。但事实上，整个故事远比我们知道的更加复杂。四位被林肯邀请入阁的"竞争对手"，卡梅伦、贝茨、蔡斯和苏厄德，有三位因难以胜任而提前离任。

卡梅伦任职不到一年就因腐败被免职（卡梅伦的同僚说他"不可能违反规章制度"）。

贝茨在逐渐脱离工作后辞职。他在林肯政府中几乎没有影响力；林肯不怎么征求他的建议，贝茨自己也从未提过建议。[14]

蔡斯认为林肯不如自己，觉得自己比林肯更配当总统。他经常与林肯发生冲突，并不止一次威胁说，如果不满足他的要求，他就会辞职。最终，林肯同意了他的辞职。林肯后来对朋友说："我再也受不了他了。"[15]

苏厄德的经历稍有不同。他陪伴林肯度过了整个总统任期，成为林肯信赖的朋友和顾问。他不止一次在重要问题上改变了林肯的看法。但在加入林肯内阁的前几个月，苏厄德是林肯的竞争对手，一直暗中破坏林肯的权威并试图为自己夺取政治权力。

林肯能够与竞争对手合作，证明了他沉稳冷静，这对他的政治谋划可能是明智之举。但林肯的例子并不具有普适性，不能说明听取不同意见一定有利于我们。有些人的反对意见其实并没有多大用处，比如我们鄙夷的人提出的异议。还有一些人跟我们完全没有共同点，甚至不认同我们加入他们的团队，这些人的反对意见也不值得听。

倾听不同的声音比我们想象的要难

有很多原因导致我们无法倾听不同的声音，其中一个最大的原因是，我们总认为倾听不同的声音很容易做到。我们通常认为，如果两人基本上都是理性的，都能够真诚地讨论问题，那么解决分歧就简单了：每个人都把自己的观点解释清楚，如果其中一方能够用逻辑和证据证明自己的观点，另一方就会说"哦，你说得对"，然后改变原有观点。倾听不同意见就这么简单！

但如果两人之间的沟通没有像我们想象的那样发展，比如一方认为自己的论证很有说服力，但对方听到自己强有力的论证后依然拒绝改变观点，这时双方都会感到沮丧，并得出结论认为对方实在不可理喻。

我们需要大大降低期望值。即使在理想的条件下，比如双方都掌握了足够的信息，都很理性，并且都能真诚地解释自己的观点并理解对方，我们也很难做到倾听不同的声音（何况理想条件几乎永远都达不到），主要原因在于以下三点。

我们误解了彼此的观点

博主斯科特·亚历山大有一次去开罗旅行，在一家咖啡馆邂逅了一名穆斯林女孩，两人愉快地攀谈了起来。谈话中女孩提到相信进化论的人都是疯子，亚历山大回答说自己就是她认为的"疯子"之一。

女孩很震惊。她说："但是……猴子不会变成人类。你们怎么会认为猴子可以变成人？"[16]亚历山大努力解释说，从猿到人的进化是一个非常缓慢的过程，经历了世世代代。他还向女孩推荐了一些书，这些书能更清楚地解释这个过程。但很明显，她仍然不买账。

如果你很熟悉进化论，你肯定会认为咖啡馆里的女孩误解了进化论。但是，回想你过去否定的那些听起来荒谬的想法，你敢确定自己否定这些想法不是因为误解？即使是正确的观点，在第一次听到时，我们也往往觉得是错的。一个解释在经过多个版本的转述后，会不可避免地被简化，其中重要的说明和细节都可能被忽略，比如背景信息被忽略，措辞与我们的习惯格格不入，等等，这些都会造成我们的误解。

对某种说法或措辞的固有印象会阻碍我们理解其新的解读

当某个我们熟悉的词被人赋予新的解读时，我们常常会因为对该词的负面印象而误解其新的解读。例如，在上一章中，我提到认知心理学家加里·克莱因，他研究了人们在消防或护理等高风险环境中如何改变想法。克莱因的研究帮助我更好地理解了现实生活中该如何决策，也帮助我认识到决策学术研究中的一些不足。

然而，在初步接触克莱因的研究后，我便不再关注他的研究了，因为他谈到了"直觉的力量"。有些人将直觉推崇为伪神秘的第六感，并将这种第六感凌驾于所有其他证据之上，包括科学。因此，当克莱因提到"直觉的力量"时，我认为他与那些推崇直觉的人没有什么区别。但事实上，克莱因对直觉的解读并非如此。他所说的"直觉"只是指人类大脑内置的模式匹配能力。但由于过去我经常听到人们说"我不管科学是什么，我的直觉告诉我鬼魂是真的"或类似的话，所以我想当然地认为克莱因也是那种推崇直觉、不讲科学的人。

我们的观点是相互联系的：改变一个观点意味着其他观点也要随之改变

假设艾丽斯认为气候变化是一个严重的问题，她和凯文谈起这个话题，但凯文不同意。于是艾丽斯给凯文看了一篇文章，文章说气候科学模型已经做出准确的预测，但这依然不太可能改变凯文的观点，即使凯文的思维模式是侦察兵思维。

这是因为我们的观点犹如一张大网，相互交织联系在一起。凯文认为"气候变化不是真的"，这一观点并非独立存在，而是受到了其他观点的支撑，比如世界如何运转，哪些信息来源真实可信。要改变"气候变化不是真的"这一观点，凯文必须更新其他与之相关的观点，如"持气候变化怀疑论的媒体比主流媒体更值得信赖"或"聪明人不相信气候科学界达成的共识"。凯文可能会改变自己的观点，但需要更多的证据，单凭一篇文章不足以让他改变观点，何况文章来源还遭到凯文质疑。

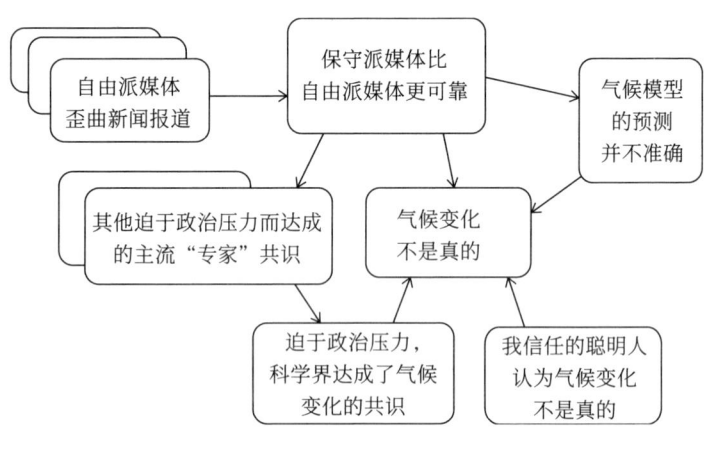

观点之间的相互联系

在上一章的结尾，我们提到了《不再约会》的作者约书亚·哈里斯，他的读者声称这本书让他们的生活一团糟。2015年，他第一次意识到批评他的人可能有些道理。当时，他所在的教会，马里兰州盖瑟斯堡的生命盟约教会的几名成员因在会众中性虐待未成年人而被判有罪。哈里斯本人并未参与虐待，但他知道此事,却没有鼓励受害者向警方报案。

哈里斯不安地意识到自己在这次事件中处理不当,这种不安不断影响哈里斯的整个观点体系网。哈里斯后来说:"你知道吗?那是我第一次意识到,就算你的初衷是好的,你也认为自己做出了正确的决定,但你对人们生活产生的影响可能与你的预期大相径庭。"这一认识随即让他意识到:"也许我的书有问题。"[17]

在听到读者埋怨的那几年,哈里斯一直未能改变自己关于这本书的观点,因为他坚信:好的初衷不可能造成伤害。如果有人问他是否认为善意的动机一定会带来好的结果,他可能不会明确表示赞成这种想法,但潜意识里他就是这么认为的。这个想法如果不改变,就算读者持续不断地抱怨他的书,他也不会改变"我的书没有害处"这一观点,因为前者是支撑后者的前提。

以上三个章节探讨了如何改变看法,每一章都颠覆了我们对于改变看法的惯有认知。

在第10章,我们看到大多数人心里认为自己的现实"地图"应该没错。因此,如果要他们对这个"地图"进行更改,他们会认为自己在某个地方搞砸了。侦察兵们却不这样思考问题。他们认为,刚绘制的"地图"肯定有很多错误,随着掌握的信息越来越多,"地图"也会逐渐更新,变得越来越精确。因此,修改"地图"意味着力图把事情做好。

第 11 章探讨了遇到困惑时我们该怎么办，比如当现实与我们的观点相矛盾，当其他人的行为"不合理"，当我们没有得到预期的结果，抑或当我们因为他人的反对而感到震惊、难过时，我们该怎么办。那些与我们的世界观不相符的异常现象，就像衣物上的小突起，我们不要试图回避或压制这些异常，而是要用力拽拽，看看里面到底有什么。

本章中我们看到，人们通常认为倾听不同的意见很容易做到，所以当无法做到时，人们会感到不悦和震惊。但事实是，即使在最理想的条件下，人们也很难做到倾听不同的声音，所以当你真正做到了听取不同的意见，你应该感到惊喜。倾听相左的意见，并认真对待这些意见以尝试改变自己的想法，这需要精神上和情感上的努力，最重要的是需要耐心。你必须愿意对自己说，"这个人似乎错了，但也许我误解了他，让我再看看"，或者"我还是不同意他的观点，但也许以后我会慢慢明白他说的话"。

倾听不同的声音很难，所以我们不要难上加难。也就是说，我们不用听取那些不讲道理、嘲笑我们的观点、与我们没有共同点的人的意见。为什么不给自己一个最好的机会来改变原有想法，或者至少听听通情达理的人为何反对？正如凯尔西（那位无神论记者，她的好朋友信奉天主教）所说："如果读一个人的书不能让我认同他的观点，我会继续读其他人的书。"

第五部分

对身份认同的再思考

第 13 章

我们的观点如何转变成身份认同

一天晚上,怀孕约五个月的考特妮·琼格教授参加了一个鸡尾酒会。百无聊赖之际,一位客人走近她,向她打招呼并恭喜她怀孕,琼格立刻感觉放松了许多。[1]

然而,这位女士"恭喜"完之后,立即开始了她的广告宣传,她极力说服琼格用母乳喂养即将出生的宝宝,不要喂配方奶粉。"是的,好的,我可能会母乳喂养。"琼格说,尽管她还没有认真考虑过这个问题。

琼格的回答显然不能让眼前这位宣传母乳喂养的女士满意,她继续罗列母乳喂养在医学和情感方面的诸多好处。由于过于激动和热情,女士一边说一边不由自主地贴近琼格,琼格不自在地往后退,就这样两人一进一退,最后琼格被逼到了房间的一个角落，退无可退，感觉自己陷入了绝境。

"妈咪战争"

如果这位女士对母乳喂养的狂热程度让你惊讶，那你大概从未听说过"妈咪战争"这个颇具贬义的词，也就是认为母乳喂养至关重要的妈咪们和认为用配方奶喂养也无妨的妈咪们之间的战争。

理论上，母乳对婴儿到底有多大益处纯粹是一个科学问题。但现实中，两派使用的语言听起来像是在描述一场可怕的圣战。喂配方奶的母亲抱怨被"母乳喂养广告洗脑"[2]，在"母乳喂养派"的"胁迫下丧失了批判性思维能力"[3]。一位参加母乳喂养研讨会的新妈妈后来说："我感觉像在参加说教动员大会。"[4] 母乳喂养阵营的博主们对此不以为然，认为所有质疑母乳价值的文章都是"配方奶粉拥护者"对母乳喂养"先发制人的攻击"。

在经历鸡尾酒会的尴尬后，考特妮·琼格开始思考人们对母乳喂养的激情和愤怒。她在想，对这个话题的不同观点如何成为人们身份认同的重要内容。这一经历成为她创作《母乳主义》的起因，她在书中写道："事实上，母乳喂养在美国已经不仅仅是一种喂养婴儿的方式，更是一种向世人宣告你是谁以及你信仰什么的方式。"[6]

任何事情都可能涉及我们的身份认同

不谈论政治或宗教是由来已久的礼仪规则。因为我们知道，人们的政治观点和宗教信仰是识别其身份的重要内容。对不同事物的观点构成了我们对自己的身份认同，他人对其中任何一个观点的批评都会招致我们的敌意，就像有人侮辱了我们的家人或践踏了我们的国旗。一个极具身份认同意义的观点不容其他人有一丝丝的反对，但凡有人表达了反对意见，我们就会觉得这个人是自己的竞争对手："哦，原来你是另一边的。"

但构成我们身份认同的观点不仅限于政治和宗教观点。母乳喂养还是奶瓶喂养，选择何种编程语言，以及对资本主义的态度都可以成为身份认同的组成部分。这些观点虽不带有"民主党"或"美南浸信会"这样的官方标签，但同样可以引发激烈的攻击性或防御性反应。

同意某个观点并不等于认同这个观点。比如，许多人同意"科学是了解世界如何运转的最佳方式，我们应该尊重科学并大力资助科学的发展"，从这一点来看，他们是支持科学的。但这些人当中仅有一小部分人真正认同科学，他们会像捍卫自己的身份一样捍卫科学，对不理解科学或表面上亲科学的人充满敌意。有些人穿着印有亲科学口号的 T 恤，实则并非真正认同科学，比如"科学不在乎你相信什么"或"科学：真管用"。

任何问题都可能涉及我们的身份认同。但有些问题似乎比其他问题更敏感，更可能成为人们身份认同的一部分。举个例子，人们既关心配方奶粉对健康的影响，也关心空气污染对健康的影响，可是为什么关于前者的争论远比后者激烈得多？再比如，为什么很容易买到印有"我内向、我骄傲"的T恤，却难以找到一件印有"我外向、我骄傲"的T恤？

关于身份认同的科学研究仍在不断发展，但我发现有两个因素能将某种观点上升为我们的身份认同，即成为我们身份的一部分，这两个因素就是受困感和自豪感。

受困感

由于持有某一观点，我们感觉自己不断受到敌对势力的围剿，最终这个观点成为我们识别自己身份的重要内容，就像长时间的压力将碳原子结合在一起最终形成钻石一样。例如宗教少数派或经常被嘲笑的亚文化（如认为应该为自然灾害或社会崩溃做准备的"末日族"），他们经常因自己的信仰而受到嘲笑、迫害或污名化，于是想要挺身而出，为了自己的信仰或观点而战，同时他们感觉自己并非孤军作战，而是和一群志同道合的盟友团结在一起并肩作战。

似乎每个问题都必须有争论的双方，一方人数众多，占主导地位，另一方则是陷入包围圈的少数派，但其实双方都有受困感。比如"妈咪战争"中，喂配方奶的妈妈们感觉自己一直处于守势，一直被人强迫解释为什么不母乳喂养，而且感觉自己被评判为坏妈妈，不管是暗地里评判，还是公开评判。（这不仅仅是她们的感觉。2001年的一项民意调查发现，2/3的母乳喂养者为没有母乳喂养的孩子"感到难过"。[7])

母乳喂养者出于其他原因也感到自己被人围困。她们抱怨现有社会没有给她们的产后生活带来便利，比如，大多数工作场所没有设置舒适的母婴区，可以让她们吸奶；在公共场合喂奶会招来路人不满的目光或窃窃私语。一些母乳喂养者认为，这种压迫比非母乳喂养者面临的压迫更为严重。"让我们面对现实，"一位母乳喂养者在博客中对喂配方奶的妈妈们这样写道，"当你们听到'母乳是最佳选择'时，可能会对自己的孩子感到一丝内疚，但你们从未因为用奶瓶喂奶而被赶出餐馆。"[8]

我们再以无神论者和基督徒为例。无神论者在美国面临巨大歧视，他们感觉自己陷入了包围圈。人们说他们不道德。由于自己的观点被污名化，无神论者不得不长期隐瞒自己的观点，很长时间以后才敢承认自己是无神论者。2019年最新的盖洛普民意调查显示，40%的美国人表示不会给自己党派的无神论候选人投票，即使这位候选人很优秀（相比之下，仅有7%的美国人表示不会投票给犹太教候选人，5%的美国人不会投票给天主教候选人）。[9]

与无神论者相比，福音派基督徒更可能生活在具有相同信仰的家庭和社区中，因此他们面临的困境和无神论者不同。美国过去50年的法律和文化变更，如合法堕胎、同性婚姻以及媒体中的色情内容，让他们感觉自己与现今社会越来越格格不入。"文化战争结束了，我们输了！"一位基督教领袖在其著作《做好准备：在日益敌对的文化中活出你的信仰》(*Prepare: Living Your Faith in an Increasingly Hostile Culture*) 中感叹道。[10]

自豪感

当某个观点代表我们引以为豪的美德时，它也会成为我们认同自己身份的一部分内容。例如，许多女性认为，自己对母乳喂养的重视，体现了与婴儿的亲密关系，证明了自己愿意为孩子做出牺牲。正如某母乳喂养倡导大会的一张海报所宣传的那样，母乳喂养是"母亲职责、亲情和母爱的最终体现"。[11] 另一方面，对于许多拒绝母乳喂养的女性来说，拒绝母乳喂养意味着拒绝受制于生物学的束缚，这种束缚严重限制了新妈妈的自由，当然也在一定程度上限制了新爸爸的自由。一位记者这样解释她和她的伴侣为何不选择母乳喂养："从意识形态角度说，我们之所以拒绝母乳喂养，是因为母乳喂养阻碍了女权主义的发展。"[12]

我们再以加密货币为例来讨论身份认同的问题。对许多加密货币的真粉来说，加密货币的魅力在于它能够改变世界。那些相信加密货币潜力的人，是现有金融体制的反叛者。正如一位早期的比特币爱好者所说："你正在帮助开创一个全新的金融时代！建立一种人人都能控制的货币！"

自我认同的乐观主义者和悲观主义者都为自己看待世界的方式感到自豪。从乐观主义者的言谈中我们可以看到，他们似乎认为积极的态度是美德的象征。"尽管选择愤世嫉俗很容易，但我依然选择相信人类固有的善良。"一位乐观主义者宣称道。[13] 而悲观主义者则认为自己精明老练，不同于那些庸碌的乐观主义者。一位投资者这样说道："在投资中，做多就像行事冲动的啦啦队队长，而做空就像行事谨慎之人。"[14]

自豪感和受困感常常相互作用。例如，伊莱·海纳·达达博伊是一位奉行多角恋的博主，他认为奉行多角恋的人对这种生活方式感到满意，甚至感到强大的优越感。他们有这种反应很正常，这是长期遭到恶意攻击后的一种防御性反应。达达博伊说："周围的人不断对你吼，说你道德败坏。为了抵制这种强烈的恶意，我们唯一能做的就是向他们展示自己的优越感，这可能也是一种合理的反击。"[15]

"概率战争"

再枯燥或深奥的问题都可能成为身份认同的组成部分。不相信？我们来看看统计学里频率学派与贝叶斯学派之间的长期争论，这两大学派用不同的方式分析数据，他们争论的根源其实就是哲学问题上的分歧。

频率学派通过大量独立实验来客观地统计某件事发生的频率均值，即概率。比如，频率学派认为掷硬币正面朝上的概率是 1/2，因为如果掷硬币的次数趋于无限次，有一半的结果是正面朝上。

基于贝叶斯定理的贝叶斯主义最早由 18 世纪哲学家和统计学家托马斯·贝叶斯提出，并以其名字命名。贝叶斯学派将概率解释为信念度，即某人对事件发生的信心程度，故而更加主观。还记得我们在第 6 章中做的练习吗？即通过思考自己愿意投入的赌注来量化我们对某一观点的确定值。贝叶斯学派称之为"概率"，频率学派不认同这种方法。

你可能认为这样的争论只会出现在学术期刊的专业论文中。但几十年来，每年都会举行一次贝叶斯会议，与会者高唱战歌，为贝叶斯主义欢呼，为频率主义喝倒彩。下面是一段按照美国爱国歌曲《共和国战歌》的旋律填写的歌词：

> 我看到了托马斯·贝叶斯神父的荣耀，
> 他正在消灭频率学派，消灭他们不合理的方法……
> 荣耀，荣耀，概率！
> 荣耀，荣耀，主观性！
> 他的军队正在前进。[16]

显然，这首歌是在戏谑频率主义。但就像所有优秀的观察式喜剧一样，这种戏谑有其现实基础。浏览一下统计博客圈，你会发现贝叶斯学派和频率学派互相指责对方具有非理性偏见，他们谴责对方的词语包括原教旨主义频率学派、正统频率学派、反贝叶斯派偏见、自以为是的贝叶斯学派、愤怒的反贝叶斯派、贝叶斯啦啦队和顽固的贝叶斯学派。一位统计学家甚至写了一篇题为《摒弃贝叶斯主义，呼吸新鲜空气》的博客文章，宣布放弃贝叶斯主义。[17]

许多人因为感到陷入困境而挺身为自己的身份而战，概率战争也如此。20 世纪 80 年代，贝叶斯学派感到身陷困境。他们必须小心翼翼，不能经常提及"贝叶斯"，以免被视为麻烦制造者。至少有一位教授因支持贝叶斯方法而被院系开除。"我们一直是受压迫的少数派，努力想获得一些认可。"[18] 贝叶斯主义的早期支持者之一艾伦·盖尔芬德回忆道。现在形势发生了逆转。在过去的 15 年里，贝叶斯主义变得越来越流行，频率学派感到被边缘化，一位频率学派统计学家甚至写了一篇题为《流亡中的频率学派》的博客文章。[19]

概率战甚至已经从学术界蔓延到了互联网。2012 年，网络漫画 XKCD 推出了一部连环画，内容关于频率论和贝叶斯方法之间的区别。[20] 漫画对前者进行了一番嘲讽，引起了巨大反响，一位评论员开玩笑说："下次漫画的主题可以是以色列人和巴勒斯坦人，这样争议就不会那么大了。"[21]

八大迹象表明某种观点可能构成我们的身份认同

有些观点明显象征着某人的身份。比如，如果你的 Instagram 个人简介首行标注着"自豪的素食主义者"，而且你所有的朋友都是素食主义者，你参加素食主义者集会，崇尚素食主义穿搭，那么你的身份认同就显而易见。但除了这种能够明显表明你身份的观点,我们还有许多更微妙、不太好分辨的观点,这些观点只是我们个人的一些想法,不像素食主义者那样具有某种标签或提示属于某一群体。我们可以观察以下八大迹象来识别某种观点是否已成为自己身份的一部分。

使用短语"我相信"

在某句话前加上"我相信"是在暗示这句话的内容构成了我们身份认同的重要内容。例如,"我相信乐观主义""我相信人之初性本善",或"我相信女性正在改变世界"。在这些话前面加上"我相信"似乎有些多余,因为我们自然相信自己说的话,但貌似多余的"我相信"实际向世人传递了这样的信息——我不仅仅在描述世界,我在定义我自己。"人会改变"只表达了你对世界运作方式的理解,而"我相信人会改变"传递的信息则是关于你自己的,它告诉人们你是什么样的人——慷慨、宽容、富有同情心的人。

某种意识形态受到批评时会生气

"我真的爱科学"(IFLS)是一个颇受欢迎的脸书公共主页,专门分享亲科学的段子、卡通和口号,如"得了小儿麻痹症吗?我也没有。感谢科学"。评论员杰西卡在该页面的一次讨论中提到,即使是科学家也经常抵制与他们的观点相矛盾的事实。"人就是人,不是神!"她说。

这在批评科学的言论中算是相当温和的,也符合事实。但另一位名叫沃伦的评论员对这种批评感到愤怒，认为其侮辱了科学。他反驳道："呃，不，绝对不可能。科学不会这样，永远不会。"[22]

当某个群体或观念体系遭到批评，你想挺身而出，为之而战时，这表明这个观念很有可能是你身份认同的一部分。我最近看到一篇文章，题目是《为什么无神论者不像人们想象的那样理性》。还没开始读这篇文章，我就有强烈的冲动要去反驳作者。具有讽刺意味的是，我也曾提出同样的观点——某些自称为无神论者的人错误地认为信奉无神论自然而然地证明了他们的"理性"。但由于这篇文章出自一个局外人，而且似乎故意诋毁无神论者，这不由得让我生气。

使用挑衅的语言

极力认同科学的人有时身穿印有"骄傲的书呆子"或"捍卫科学"等口号的 T 恤衫，或高举类似口号的标示牌。喂配方奶的妈妈们以"配方奶喂养无须道歉"[23]，或"捍卫配方奶喂养者"为题发表博客文章，或自称为"无所畏惧的配方奶喂养者"。[24] 与此同时，母乳喂养的妈妈们会这么说："母乳喂养的妈妈们，如果你公开承认自己偏爱某种喂养方式，知道如何喂养并对喂养孩子感到无比自豪，那你就要倒霉了。"

"骄傲的""捍卫""无须道歉""无所畏惧"等挑衅性的词语表明，你将自己视为陷入困境的少数派，奋力反抗企图压迫你、羞辱你、让你噤声的社会。

使用义正词严的语气

大家可能已经注意到，有时为了增强义正词严的效果，我们会在话语结束时加上一些词，如"就这样""到此结束""故事结束""讨论结束""就这么简单"。现在还出现了一种流行的做法，即在每个字后面加一个强调句号，比如："你不支持这个政策？你。有。问。题。"

美国经济学专栏作家梅根·麦卡德尔运用了一个比喻来说明这种义正词严的语气背后隐含的深意。她写道："这么做让你自我感觉良好（当然也让你那些志同道合的朋友自我感觉良好），让你觉得自己站在道德的制高点，像道德卫士一样挥舞着那把永远握在手中的道德逻辑宝剑，勇敢地驰骋在这片土地上。"[25]

严格把关身份界限

在网上搜索"你不能称自己为女权主义者"这一短语，会发现不同的人对这一标签添加了不同的条件，如"没有交叉视角的女权主义，不是女权主义"，[26] "不认同堕胎权，不是女权主义"。[27]

当一个标签不再只是客观描述我们的观点，而是象征着我们的身份或让我们引以为豪时，什么样的人才能拥有这个标签就成为我们关心的问题，对这一标签的界限严格把关就变得很重要。

脸书的 IFLS 主页越来越受欢迎，其粉丝人数达到数千万，这让其他一些亲科学人士开始感到不安，他们互相发牢骚："IFLS 对'科学'的看法太肤浅了，它只是一堆大人物的段子和照片！这不是热爱科学的真正含义！"漫画家克里斯·威尔逊对 IFLS 粉丝的批评最为著名。"真正热爱科学的人一生都在研究枯燥乏味的小细节和令人瞩目的大事件，"他写道，"你们根本不爱科学，你们只是徒有其表。"[28]

看到某一群体的负面新闻会幸灾乐祸

假设你看到一篇文章，开头这样写道："由于激烈争吵和计划不周，某某群体本周末召开的会议宣告失败。"有没有一个意识形态群体，让你看到关于它的这篇报道后幸灾乐祸地咧嘴笑？

看到一则新闻在贬损你不认同的意识形态群体，你感到很开心，这是"对立身份"的表现，即站在该意识形态的对立面。"对立身份"通常没有自己独立的标签，仅仅表现为反对某种观点，因而容易被人忽略，但它同样会扭曲人们的判断。换句话说，如果你憎恨嬉皮士、技术人员、自由意志主义者、宗教极端主义者或其他意识形态群体，你极有可能会相信任何诋毁他们世界观的东西。如果你讨厌素食主义者，你会非常愿意看到有关素食不健康的新闻报道。如果你喜欢嘲笑"技术咖"，你可能会以极其批判的眼光审视一切有关科技公司的热门话题。

使用绰号

政治"话语"和文化"话语"中常见的贬义绰号有：社会正义战士、女权纳粹、肥宅、玻璃心、警醒人士、白左等。"妈咪战争"中出现的绰号包括"母乳主义者"、"母乳喂养派"和"防御性配方奶喂养者"等。丁克一族有时会将有孩子的人称为"喂养者"，或将孩子称为"小崽子"。此外，还有各种万能的绰号——白痴、疯子、智障、神经病。

如果你在谈论某个具体问题时使用这些绰号，说明你把这个问题视为人与人之间的斗争，而不是观点之间的斗争。使用绰号并不一定意味着你在这个问题上的观点是错误的或对方的观点是正确的，但一定表明你的身份认同可能会影响你的判断。

一定要捍卫自己的观点

你为了某一观点和他人辩论得越激烈，尤其是公开辩论，这个观点就越与你的自尊和声誉联系在一起，日后若想放弃这个观点就越难。

工作中，如果同事普遍认为你支持某个观点，那这个观点就可能成为你身份的一部分，比如支持快速增长而不是缓慢增长，看跌而不是看好某个项目，支持用数据说话而不是靠直觉判断。生活中也如此，如果你在朋友圈中的人设是支持"混合健身"（CrossFit）、替代医学或家庭教育的人，你支持的观点也会成为你身份的一部分。

当你的观点受到不公正或严厉的批评，而你不得不为自己辩护时，问题就复杂了。在这种情况下，改变观点似乎意味着向敌人投降。一位曾打算丁克却最终决定要孩子的女性坦言，自己改变想法的过程真的很艰难："人们一直在说'哦，你会改变主意的'，就好像在说我是错的。所以，一想到如果改主意就证明他们是对的，我就很生气。"[29]

人们持有的观点很容易成为其身份认同的组成部分，因而身份认同可能导致人与人之间的对立。但这个并非身份认同产生的主要问题，也不是本书要讨论的话题（尽管如何与人相处是一个很重要的论题）。

身份认同产生的主要问题在于它会削弱我们清晰思考问题的能力。认同一个观点让我们觉得必须随时捍卫它，于是我们就会想尽办法收集对它有利的证据。身份认同让我们本能地排斥那些貌似攻击我们或我们的群体的论点。认同某一身份将诸如"母乳喂养对健康的好处有多大"的实证性问题变成情绪化且难以清晰思考的问题，如"我是好母亲吗？我是优秀的女权主义者吗？我的朋友会批评我吗？我方得到了证实还是受到了羞辱？"

此外，当某一观点成为我们身份认同的一部分时，即使情况发生了巨大变化，我们也很难改变自己的观点。20世纪80年代，越来越多的证据表明，艾滋病毒可以通过母乳传播。美国疾病控制与预防中心迅速发布了一项建议，建议感染艾滋病毒的母亲放弃母乳喂养。但母乳喂养支持者无视这一警告。[30]她们认为，母乳本质上是优良的、健康的和天然的，不可能有危险。而且，多年来她们一直与美国疾病控制与预防中心针锋相对，所以她们怀疑它提出这项建议的动机。她们认为，支持配方奶的群体可能向它进行了游说。

直到 1998 年，随着大量额外证据的出现，一些支持母乳喂养的重要组织才承认艾滋病毒可以通过母乳传播，并在宣传母乳喂养时向新妈妈们说明这一事实。但在此之前，已经有许多婴儿因母乳喂养不幸感染艾滋病。因此，允许某一观点成为自己身份认同的一部分有时真的可能致命。

第 14 章

理智看待自己的身份

人们的身份认同会对其思维产生巨大影响，第一次认识到这种影响时我非常震惊。大约在 10 年前，科技投资人保罗·格雷厄姆发表了一篇深度好文——《保持渺小的身份》(*Keep Your Identity Small*)。格雷厄姆在文章中指出了我在上一章中提到的问题，并警告："给自己贴的标签越多，就会变得越笨。"[1] 我受到了一些启发，决定不让自己认同任何一个意识形态、运动或群体。

但这个计划很快就遇到了问题。

首先，不贴标签会引起一些麻烦。比如，当时我的饮食基本是素食；当人们举办晚宴并问我有何饮食禁忌时，我该怎么回答？相比"我不吃鸡蛋、奶制品或肉……"，回答"我是素食主义者"更加言简意赅，意思清晰。其次，限制饮食已经够麻烦我的朋友和家人了，所以如果他们把我介绍成"素食主义者"，我肯定不会打断他们并纠正道："事实上，我更喜欢被称为吃素食的人。"

更大的问题是，有些事业我真心想帮助，有些群体和运动我也确实认为做得很好，比如有效利他主义运动。[①] 如果我不愿意公开认同某项运动，那就很难帮助宣传其思想主张。

去标签化的尝试让我有了一些变化。例如，我不再称自己为民主党人，尽管我的选民登记表上勾选的是民主党。但在去标签化的过程中，我渐渐发现并最终同意去标签化是有限度的，我们不可能完全去标签化。我们需要做的是防止这些标签或身份控制我们的思想和价值观。我将其称为"理智看待自己的身份"。

什么才是理智看待自己的身份

理智看待某一身份是指实事求是地看待这个身份，不要将其视作骄傲的来源或生命意义的来源。这个身份只是对事实的客观描述，不是我们骄傲挥舞的旗帜。

例如，我的朋友本一直将自己视为女权主义者。只要听到有人反驳女权主义，他就认为那是在攻击自己的群体；他经常戒心十足，时刻准备反驳女权主义批评家。

[①] 我在第12章提到了这项运动，该运动基于理性和证据来确定高效可行的行善方式。

本决定做一些改变，尽量理智地看待自己女权主义者的身份。现在，如果有人问他是不是女权主义者，他通常仍然回答"是"，因为这个标签基本准确地反映了他的观点。但内心深处，他更认为自己是一个"基本同意女权主义的人"。

"女权主义者"和"基本同意女权主义的人"听起来好像差别不大，但带来的内心感觉却截然不同。本说："现在我会客观地分析关于女权主义的不同观点，对孰是孰非加以判断。在某些问题上，我也改变了原有的观点。"更重要的是，理智看待自己的身份让本能够压制急于辩解的冲动，即他说的"纠正网上错误的观点"的冲动。他不再像原来那样急于加入网上关于女权主义的争论，这种争论通常毫无成效。

当自己的政党选举获胜时，那些理智看待政治身份的人会很开心。但他们之所以开心，不是因为对立政党遭受耻辱性失败，而是因为他们期望自己的政党能够更好地领导国家。他们不会嘲弄失败者，不会像一些民主党人在 2012 年奥巴马获胜后嘲讽"右派败选后像孩子一样发脾气"[2]，也不会像一些共和党人在 2016 年唐纳德·特朗普获胜后享受着"自由派的眼泪"。

理智看待某种身份意味着将这种身份视为随机的、可以改变的。比如，"只要我认为自由主义是公正的，我就是自由派"，或"我是女权主义者，但如果出于某种原因，我认为女权主义运动造成了伤害，我会放弃这个身份"。也就是说，我们要保持自己个人的观点和价值观，不让其受到群体观点和价值观的影响，要承认两者的区别，至少在心里认为两者有区别。

"我不是人云亦云的共和党人"

美国政治家巴里·戈德华特一生中有很多称谓,如"共和党先生"、"共和党英雄"、"美国现代保守主义之父"和"美国保守主义运动英雄"。从某种意义上说,这些标签是准确的——戈德华特相信小政府和州权利,但他非常理智地看待自己的共和党人身份。在竞选参议员的第一次集会上,他宣布,"我不是人云亦云的共和党人",如果他不同意共和党的做法,他不会和共和党站在一边。[3] 他在整个政治生涯中都信守了这个竞选承诺。

20世纪70年代,共和党总统理查德·尼克松因非法窃听和其他罪行受到审查,戈德华特公开敦促尼克松诚实面对调查。尼克松政府企图辩称,对总统进行调查是民主党抹黑总统的党派斗争,戈德华特则表示自己相信负责调查的民主党参议员公平正直("从他说的话中,我没有看到任何党派偏见")。[4] 面对越来越多的不利证据,尼克松想尽办法不断阻挠调查进度。在此情况下,戈德华特率领一个代表团前往白宫,告诉尼克松,他已经失去了众议院和参议院的支持,如果不主动辞职,一旦被弹劾定罪,就有可能坐牢。尼克松第二天便宣布辞职。[5]

20世纪80年代,共和党总统罗纳德·里根声称自己不知道伊朗门事件①,戈德华特明确表示不相信总统的话。一位当时

---

① 1986年,美国向伊朗秘密出售武器被媒体曝光,造成里根政府严重政治危机。——译者注

采访报道戈德华特的记者回忆道:"这就是戈德华特,从不让党朋偏见影响自己对事实的判断。"

尽管戈德华特从未放弃他的保守主义核心原则,但他对具体问题的看法偶尔也会改变。例如,他认为同性恋权利在逻辑上符合自己的原则。"你可以不同意,但宪法允许他们成为同性恋。"戈德华特说。[7]这让他的保守党同僚很不高兴。20世纪80年代,他投票赞成美国最高法院在"罗诉韦德案"①中支持堕胎合法化的判决,这也令他的同僚们很生气。

1994年,民主党总统比尔·克林顿因涉嫌投资白水开发公司而接受调查。共和党指控他和妻子希拉里·克林顿参与了某些严重犯罪,如诈骗。当时戈德华特已经85岁,满头白发,拄着拐杖走路。他不太喜欢克林顿,曾对一位记者说克林顿对外交政策"一窍不通",还说,"克林顿能做的最好的事情就是闭嘴。我想我已经写信告诉过他,但我不确定"。[8]

然而,他花了一个晚上仔细研究了白水案指控的细节,希望做到公平公正。第二天,他将记者召集到家中,把自己的结论告诉他们:共和党没有反对克林顿的理由。"我掌握的情况告诉我,事情没有那么严重。"他宣称。[9]其他共和党人对此表示不满,愤怒的电话打进了共和党总部和电台,一位保守派脱口秀主持人抱怨道:"戈德华特应该知道,当你的政党就要找到犯罪证据时,你不应该叫停搜查。"[10]

---

① 1973年的"罗诉韦德案"确立了女性堕胎的宪法权利,成为美国现代社会最具影响力的里程碑式判决。——译者注

戈德华特对这个批评的回应还是一如既往的直率。"你知道吗？"他说，"我根本不在乎别人说什么。"

你能通过意识形态图灵测试吗

1950年，计算机科学之父艾伦·图灵提出了一项测试，用来判断人工智能是否具有人类智能。测试者通过一些装置（如键盘）向两个测试对象（一个是人，另一个是机器）随意提问，然后根据两个测试对象的回答来辨别回答者是人还是机器。如果机器超过30%的回答让测试者误认为是人类所答，则机器通过测试，即被认为具有人类智能。

这就是著名的图灵测试。经济学家布莱恩·卡普兰基于类似的逻辑提出了意识形态图灵测试[11]，用来检测你是否真正理解某种意识形态：你向人们"转述"或解释某种意识形态，如果人们分辨不出这是你的观点，还是真正认同这一意识形态的人的观点，那你就通过了意识形态图灵测试。比如：

- 如果你认为Haskell是最好的编程语言，你能解释为什么有人会讨厌它吗？
- 如果你赞成堕胎合法化，你能解释为什么有人不赞成吗？
- 如果你认为气候变化明显是一个严重问题，你能解释为什么有人会持怀疑态度吗？

理论上，你可以询问持对立观点的人，看看自己的解释是否通过了测试，但这种做法有时并不可行。首先，这么做很费时，其次，让持对立观点的人真诚地倾听你"转述"他们的观点，这样的听众似乎很难找到。所以，大多数时候，我将意识形态图灵测试当成指引方向的"北极星"，即指导我思考问题的一种理想标准：我关于对方的描述至少听起来像他们自己"可能"说的话或"可能"认可的东西。

按照这个标准来衡量的话，大多数人在转述对方的观点时都明显达不到这个标准。① 举个例子，一位自由派博主尝试描述保守派的世界观。在博文开头，她这样写道："如果我能在这个世界分裂的黑暗时刻说点什么，我想说，'保守派，我理解你。你可能没想到一个自由派会对你说这句话，但我真的理解你'。"[12] 开篇的几句话很诚恳，但她的共情努力很快就变成讽刺。关于以下各种主题，她认为保守派的看法是这样的：

- 关于资本主义："那些最高层的人应该拥有尽可能多的财富。这是自然顺序……这不是秘密，只要别懒惰。为什么大家都那么贫穷，那么懒惰？"
- 关于女权主义者："那些女人制造噪声，提出要求，占据空间……她们认为自己是谁？"

---

① 其中包括许多倡导意识形态图灵测试的人。我曾经看到有人谈论通过意识形态图灵测试何其重要，他们补充说："当然，人们通常不想进行意识形态图灵测试，因为他们担心自己会改变原有观点。"这听起来像是不想做意识形态图灵测试的理由吗？我觉得不是。

- 关于堕胎:"真是讽刺……女人们自己做出了这些激进的决定。"
- 关于同性恋和变性人:"他们不应该存在。他们的存在就是一种错误。一定是错误。但是等等,不,上帝不会犯错……噢,天哪。你再也搞不懂现在发生的事了。不开心。一切都失控了,你感到头晕目眩。"

几乎不用保守派读者来阅读这篇文章,就可以预测这种描述肯定无法通过意识形态图灵测试。在她眼里,保守派在资本主义问题上就像一个卡通小人。在女权主义和堕胎问题上,这位博主提到的词语,如"占据空间""自行决定",正是自由派描述这些问题时使用的语言,不是保守派使用的语言。在变性人和同性恋问题上,她把保守派描述成突然意识到自己自相矛盾("他们的存在就是一种错误……但是等等,不,上帝不会犯错……"),这种描述实在有点肆意抨击的味道,让人感觉欲加之罪,何患无辞。

这位自由派博主写着写着就情不自禁地回到其"痛恨保守主义的自由派"口吻,尽管她努力站在保守派的立场说话。这让人想起一个笑话:一个小男孩递给老师一张"妈妈"写的请假条:"亲爱的老师,请原谅比利今天不能上学,因为他病了。此致敬礼,我的妈妈。"

意识形态图灵测试通常被视为一种知识测试:关于对方的观点,你理解得有多透彻?但它也是一种情感测试:你能否理智看待自己的身份,不再讽刺持对立观点的人?

哪怕仅仅愿意尝试意识形态图灵测试,不论通过与否,对于我们来说也意义重大。强烈认同自己身份的人往往不愿去尝试"理解"自认为极为错误或有害的观点,因为这么做感觉像在帮助和安慰敌人。但如果你想尝试真正改变人们的观点,而不是仅仅对他们的错误感到厌恶,你就必须先理解他们的观点。

强烈的身份认同感会让你难以说服他人

2014年3月,女演员克里斯汀·卡瓦拉瑞宣布,她和丈夫决定不给孩子接种疫苗。经过大量研究和阅读后,他们认为接种疫苗风险很大,不值得冒险。对此,一名记者在一篇文章中讥笑道:"哦,阅读——你是说你读了很多书?"文章最后,他对读者说道:"最后说一次,不要再听愚蠢的电视明星胡说八道了,开始听医生的话。给你的熊孩子们接种疫苗,否则你就是个差劲的家长。就这样。"[13]但到底谁是他的读者?不给读者任何令人信服的理由来证明他们的恐惧毫无根据,仅凭嘲笑他们,将他们称为"差劲的家长"就想说服读者,这可能吗?

另一名记者针对卡瓦拉瑞的声明写了一份疫苗教育指南。[14]乍一看,这么做似乎能起作用,但该指南的语言充满了对疫苗怀疑论的蔑视(如"反科学的胡言乱语"),说话的语气也是一副高高在上的样子(如"疫苗是安全的,是的,再看一遍")。

另外,这位记者也完全没有抓住要点。为了证明疫苗的安全性,他引用了美国卫生与公众服务部的说法,并提到"科学测试"证明疫苗是安全的。但这一切疫苗怀疑论者都知道。他们知道主流医疗机构认可疫苗的安全性,但问题是他们不信任这些机构。将这些机构的观点当成权威,除了证明你的无知,根本起不到任何其他作用。

重点来了:如果你觉得自己在道德和智力上比别人优越,就很难改变别人的想法。经济学专栏作家梅根·麦卡德尔曾说过一句令人难忘的话:"多年的网上写作经历让我总结出了一条写评论的铁律,即你写的东西越让你感觉良好,就越不可能说服他人。"[15]

只有理解对方,才有可能改变对方的想法

亚当·蒙格兰是一名记者,他曾一度非常鄙视疫苗怀疑论者。"我之所以鄙视他们,并不是因为我知道他们对疫苗的看法是错的,"他说,"还有其他原因。我认为自己在智力和道德上都比那些人优越……任何时候,任何人提起疫苗怀疑论,我都会露出不可思议、不以为然的表情。"[16]

蒙格兰后来认识了一位坚决反对给孩子接种疫苗的单身妈妈,两人成为男女朋友并结了婚,从此他对疫苗怀疑论者的态度开始发生转变。他不可能将妻子视作白痴。在了解妻子关于疫苗的态度之前,他就已经知道她是一个聪明、有爱心的人,一个值得他尊重的人。因此,蒙格兰开始努力思考为什么一个

聪明、有爱心的人会怀疑疫苗的安全性。随着他们关系的发展，他认识到了几件事。

首先，对疫苗专家的共识持怀疑态度并非毫无道理。之前有悲剧性先例发生，我们小心谨慎是应该的，比如，含铅油漆、烟草和放血疗法的安全性都曾得到专家认可。因此，现在当专家自信地说"相信我们，疫苗是完全安全的"时，有人表示怀疑，我们能因为他们不相信专家而责怪他们吗？何况蒙格兰的妻子不信任医生还有其个人原因。十几岁时，由于用药错误，她很担心药物会对大脑产生持续副作用。去看医生时，医生对她的担忧毫不关心，根本不听她描述病情，这让她感到非常失望。

一旦你已经对疫苗和主流医学产生怀疑，就很容易找到证据来证实这些怀疑。一个庞大的替代医学行业正不断发表文章，证明儿童在注射疫苗后变得自闭。事实上，蒙格兰妻子的姐姐就属于这个行业。她自称是"自然疗法家"，曾广泛研究过疫苗，并认为疫苗有毒。每当蒙格兰的妻子为疫苗接种纠结不已时，就会找姐姐聊天，每次聊天都坚定了自己对疫苗的怀疑。

蒙格兰意识到，这种趋同行为并非只有疫苗怀疑论者才有。每个人都有类似行为，比如只阅读能够证实自己观点的资料，只相信自己亲近的人，等等。不幸的是，这种普遍趋势有时会产生有害的结果。

蒙格兰觉得自己能够理解妻子为何反对疫苗后，就开始寻找机会与妻子开诚布公地讨论这个问题。2015年夏天，他终于找到了一个好机会。当时研究发现 Pandemrix 疫苗会引发儿童嗜睡症，但医学界和主流媒体因为担心受到反疫苗者的抨击而迟迟不肯承认这一事实。

不过还好，没过多久医学界就承认了这一事件。蒙格兰认为 Pandemrix 疫苗事件为他提供了一个很好的契机，让他能够表达自己对妻子的理解。"Pandemrix 疫苗事件让我能够与妻子坦诚相见，向她承认医学有时会判断错误，而媒体也可能成为共犯。"他说道，"我跟妻子谈起了 Pandemrix 疫苗事件，告诉她我理解她的担忧，还告诉她有这样的担忧很正常。"[17]

承认自己"这方"的弱点容易让对方看到，你不仅仅是一个狂热的鹦鹉学舌者，你说的话有时也值得倾听。蒙格兰与妻子就疫苗问题进行了几次这样低风险、友好真诚的谈话后，他的妻子自愿决定在年末带女儿去接种疫苗。

理智看待自己的身份是否与行动主义相悖

我们看到强烈的身份认同感会削弱我们的思考能力。绝对的是非分明，感觉自己站在正义的一方，同邪恶做斗争，这些都是士兵思维的理想条件。

但如果这些也是行动主义的理想条件呢？改变世界需要激情，需要奉献和牺牲精神。士兵思维可能会导致偏执的、非黑即白的世界观，但至少让人充满无限的激情。而侦察兵思维虽让人公平公正地思考问题，却也常常因为过于冷静且纠结于细微差别而永远无法采取行动。

这可能是普遍共识。让我们看看这种共识能否禁得起推敲。首先,请注意,不同行动产生的影响力和身份认同感各不相同,即有些行动比其他行动更有影响力,而有些行动更能增强你的身份认同感(让你充满"为正义而战"的喜悦)。偶尔,某个行动既能产生巨大的影响力,又能增强你的身份认同感。例如,一位充满激情的民主党人,积极为民主党候选人争取摇摆州的支持。他为胜利而奋斗的日日夜夜既是对自己民主党身份的认同,又产生了影响力——在争夺重要席位的激烈竞争中,竞选团队的努力确实可以发挥重要作用。

然而,通常情况下,活动家需要在身份认同和影响力之间进行权衡——越理智地看待自己的身份,就越能专注影响力最大的行动。从第 10 章我们了解到,人道联盟组织保护动物的最初战略是通过对抗性抗议示威来保护实验室动物,后来他们将战略重心转变为说服大公司以更人道的方式对待农场动物。就受影响的动物数量而言,这转变将他们的行动影响力提高了数百万倍,但就身份认同而言,讨好"邪恶公司"并非他们愿意做的事。

反过来,许多表明身份的行动并没有多少实际影响力。例如,在汽车保险杠上贴贴纸,在网上狂喷持有错误观点的陌生人。有些表明身份的行动甚至会产生负面影响,即对你的目标产生反向作用。你可能也听说过有些活动家花费大量精力去反对和自己在意识形态上极其相似的其他活动家,他们的相似度已经达到95%，却为了5%的差异而互相争斗。西格蒙德·弗洛伊德称之为"对微小差异的自恋"，即背景相似的两群人，威胁到了彼此的身份认同，为了增强身份认同感，会以自恋式的解读来夸大彼此间的差异，以突显自己与众不同。

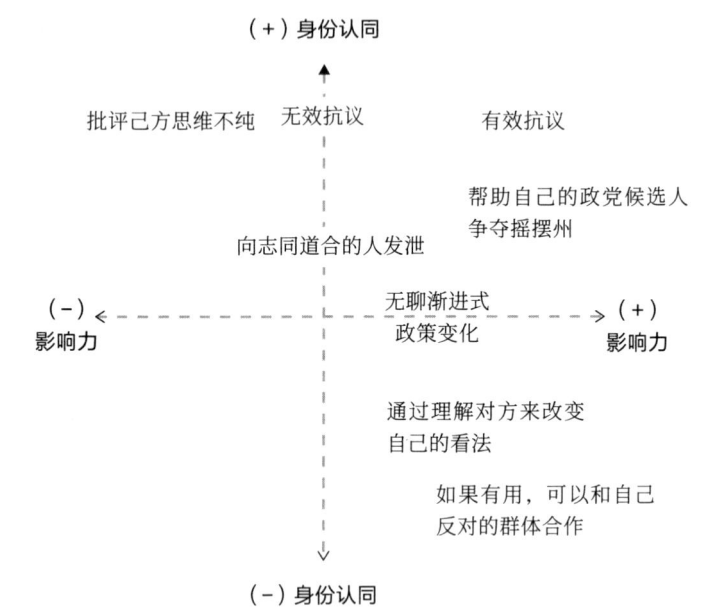

```
                    (＋)身份认同
                         ↑
  批评己方思维不纯   无效抗议  │  有效抗议
                              │
                              │   帮助自己的政党候选人
                              │   争夺摇摆州
                              │
              向志同道合的人发泄
                              │
   (－)                    无聊渐进式              (＋)
  影响力 ←─────────────── 政策变化 ─────────────→ 影响力
                              │
                              │
                              │   通过理解对方来改变
                              │   自己的看法
                              │
                              │      如果有用，可以和自己
                              │      反对的群体合作
                              ↓
                    (－)身份认同
```

不同的行动在"身份认同"和"影响力"两个维度上的对比

高效的活动家必须理智看待自己的身份，才能清醒地评估实现目标的最佳方式，同时仍能满怀激情地朝着目标努力。第7章提到的那群具有侦察兵思维能力的艾滋病活动家就是很好的例子，他们是一群公民科学家，因为他们的努力，艾滋病治疗从此出现了转机。下面我们再来回顾一下他们的故事。

公民科学家与艾滋病危机

在第 7 章我们了解到，20 世纪 90 年代一群来自纽约的艾滋病活动家组成了"治疗行动组"。他们争分夺秒与死神赛跑；身边的朋友和爱人接连不断地死去，而他们中的大多数人也感染了艾滋病毒。

1993 年，令人绝望的消息传来，药物 AZT 并不比安慰剂更有效，活动家们不得不对自己的行动策略进行重大调整。此前，他们一直在向政府施压，要求政府立即上市似乎有希望的新药，无须经过数年的标准试验流程。现在他们意识到，这是完全错误的，错误的原因在于他们过于绝望。"我想我学到了一个重要的教训，""治疗行动组"成员戴维·巴尔说，"作为一名治疗活动家，我应该尽可能让研究结果来决定我支持哪些政策，而不是让我的希望、梦想和恐惧来引导我。"[18] 展望未来，他们的任务变成"让科学说话"。

行动组成员都不是科学家。巴尔是一名律师；其他活动家有的从事金融，有的从事摄影或剧本创作，但他们都非常积极好学。他们从学习免疫学 101 教科书开始，每周开展"科学俱乐部"活动，互相分配任务，将不熟悉的医学术语汇总，建立并不断更新医学术语表。

他们还投身政府学研究，努力学习政府资金架构和药物试验方式。学习过程中发现的乱象让他们无比震惊。一位名叫马克·哈林顿的活动家说："我们感觉像到了《绿野仙踪》里的奥兹国……已经到达整个系统的中心,却发现幕布后面是一个什么也不懂的笨蛋。"[19]

他们了解得越多,就越意识到,目前的行动策略无法赢得抗艾滋病运动的胜利。过去他们一直专注于开展抗议活动以引起人们的关注,如堵塞公共交通、将自己绑在政客的办公桌旁。一天晚上,他们甚至偷偷潜伏在保守党参议员杰西·赫尔姆斯的家周围,在夜色的掩护下,用一个巨大的"避孕套"将他的房子包裹起来。

但为了改进药物的研发和试验方式,他们需要打进"敌人"内部,与美国国立卫生研究院(NIH)的官员和科学家合作。这一决定让其他活动家有些难以接受,因为他们中的大多数人仍然对政府在对抗艾滋病危机中的不作为甚至无动于衷感到愤怒。哈林顿回忆道:"我们有一个不太恰当的比喻,把NIH比作五角大楼或类似的机构,我们认为不应该与这种机构接触,在我们眼里,这是一个邪恶的机构。"[20]

说实话,对于"治疗行动组"来说,这种转变有苦也有甜。苦的是,他们在从权力机构外部"跨越"到内部的过程中,牺牲了一些意识形态上的强烈认同感或纯洁性。哈林顿说:"我知道,我们永远不会如此单纯和狂热地相信自己是对的,因为我们真的要参与其中,因此,我们要对实际发生的一些事情更加负责。"[21]

甜的是,这种愿意放弃意识形态纯洁性的意愿得到了回报。由于"公民科学家"对艾滋病研究的前沿有了深入了解,NIH

的科学家们很快就开始认真考虑他们的建议。其中一项建议是开展一种名为"大型简单试验"的新型研究,这是活动家斯宾塞·考克斯在自学研究设计时找到的研究方法。由于患者数量足够多,这种研究方法可以在保证科学严谨的情况下,在几个月内,而不是几年内,就能确定药物是否有效。

由于受到美国食品药品监督管理局(FDA)的重视,活动家们得以说服 FDA 专员将他们的研究设计计划提交给制药公司。制药公司同意在修改考克斯的研究设计后,将其用于试验最新一批艾滋病治疗药物。

试验结果于 1996 年 1 月在一次医学会议上公布,结果令人瞩目。其中一种药将患者的病毒载量保持在可检测水平以下长达两年之久。另一种药将艾滋病死亡率降低了一半。总体来看,这些结果说明艾滋病患者的生命不会很快就终止。斯宾塞·考克斯坐在观众席上,紧紧盯着幻灯片上的数据,眼里噙满了泪水。"我们成功了,"他说,"我们可以活下去了。"[22] 在接下来的两年里,美国艾滋病死亡率下降了 60%。故事远没有结束,但故事的走向已经发生转变。

与政府科学家合作最终遏制了艾滋病传播。然而,理智看待自己的身份并不意味着永远选择合作,放弃对抗。那些早期的对抗性抗议活动在某些方面也发挥了至关重要的作用,如让公众更多地了解艾滋病,迫使政府投入更多资源来抗击艾滋病等。要成为一名高效的活动家,我们需要根据具体情况来判断何时合作最具影响力,何时对抗最具影响力。

理智看待自己的身份并非为了帮助他人，也并非为了表达友善或礼貌，而是为了帮助我们自己——让我们在进行主观判断时能够尽可能准确，不再受到身份的禁锢，让我们的思维变得灵活，任凭证据带着我们自由自在地探索世界。

第15章

侦察兵的身份认同

1970年的一个晚上,苏珊·布莱克莫尔发现自己飘浮在天花板上,俯视着自己的身体。

布莱克莫尔是牛津大学的一名新生,学习心理学和生理学。像许多大学新生一样,她开始尝试毒品,并发现毒品能够打开思维。那天晚上,布莱克莫尔感觉自己的意识离开了身体,飘浮到天花板上,然后在世界各地飘荡,这场特殊的经历改变了她的人生。

布莱克莫尔认为,这一定是超自然现象,这一现象证明了关于宇宙和人类意识还有很多主流科学无法解释的地方。她决定将学术重心转向超心理学,希望能够找到科学证据来解释自己目前认为真实存在的超自然现象。[1]

布莱克莫尔开始攻读博士学位，花了数年时间进行实验。她测试人的心灵感应、预知能力和遥视能力。她的实验对象包括研究生同学、双胞胎和幼童。她还自学塔罗牌。但几乎每个实验得出的结果都是偶然的。

偶尔她的实验取得了显著结果，她很兴奋。但随后，"按照科学实验原则，"布莱克莫尔回忆道，"我重复实验步骤，检查错误，重新统计数据，改变条件，但每次我要么发现错误，要么再次得到偶然的结果。"最后，她不得不面对事实：她可能一直都是错的，也许超自然现象根本不存在。

这个事实让布莱克莫尔难以接受。她一直坚信超自然现象的存在，为此她进行女巫训练，参加灵媒教会，身穿"新纪元"服装，使用塔罗牌，追猎幽灵，总之，她所有的身份认同感都建立在相信超自然基础之上。所以朋友们不相信她会"改变立场"，变成超自然怀疑论者，他们认为在同族意识的影响下，她会继续相信自己原有的观点。

"但在内心深处，"布莱克莫尔说，"我认为自己一直都是一名科学家。这些实验结果清清楚楚、明明白白地告诉我——我错了！"

转变身份

布莱克莫尔对超自然现象的认同让她很难改变原有看法，但她最终还是成功地改变了自己的看法。那是因为布莱克莫尔除了是超自然现象的信徒,还有第二个身份,即真相探索者的身份,这个身份力量之强大足以对抗第一个身份。因此,她能够仔细审查自己的结论,认真复核实验结果并最终相信自己的数据,她为自己的行为感到自豪。

善于面对残酷事实、改变看法、接受批评及听取反对意见的人都具有这样的特征。侦察兵思维不是他们勉强执行的苦差事,而是他们深刻认同的个人价值观,是他们引以为豪的东西。

从前两章我们看到了身份认同是如何阻碍侦察兵思维的,将自己视为"女权主义者"或"乐观主义者"是如何无形中影响我们的思维和行为模式,迫使我们相信某些事情或捍卫某些观点,无论这些事情或观点是否属实。本章讨论的主题是如何通过转变身份,让侦察兵思维成为我们身份的一部分,从而让身份认同为我们服务,而不是阻碍我们探索真相。

我们再回到《不再约会》的作者约书亚·哈里斯牧师。第12章提到,哈里斯开始认真考虑人们对他的批评,他意识到这些批评可能是正确的。也许他的书中关于纯洁的观点过于极端,真的伤害了一些读者的自尊以及与爱人的关系,尽管这并非他的本意,但他依然很难否定自己的书。他对一名记者坦言:"这对我来说很难,部分原因是,这本书体现了我的身份认同,我就是以这种身份为世人所熟知的。否定这本书就好像承认我原来说的都是废话。难道我这辈子最伟大的壮举就是犯了这个巨人的错误?"[2]

身份认同让哈里斯很难面对事实,但转变身份最终让他成功面对真相。2015年，哈里斯辞去牧师一职，进入神学研究生院就读。40岁时，他第一次进入传统学校开始全日制学习——他小时候一直在家学习，21岁时凭借《不再约会》一举成名后，没有读大学就成为一名牧师。角色的变化改变了他看待自己的方式。他不再是"提供答案的领袖"，而是"带着问题的学生"。他发现新的身份让自己更容易接受新的观点，即使这些观点超越了他的舒适区。[3]

2018年，哈里斯结束了自我反省，因为答案已经找到——他决定停止出版《不再约会》。他在自己的网站上宣布了这一决定，并解释说："避免约会是这本书的中心思想，我不再同意这个观点。现在我认为，约会是健康的，它有助于促进人际关系，让我们了解自己的伴侣最看重哪些品质。"[4]

身份认同让艰难的事情变得有意义

假设你向自己保证，下周每天闹钟响起时一定起床，绝对不像往常那样睡懒觉。周一早上5:30，闹钟响了，但你非常疲倦，很想放弃遵守承诺。你可以对自己说一些鼓励的话来激励自己起床，我们来比较以下两句话：

1. 我不应该违背自己的诺言。
2. 我是信守承诺的人。

第一句话强调了你的责任。"不应该"这个词听起来像一位家长或其他权威人物在对你摆手说不。如果你起床,会感到很不情愿,就像你在强迫自己做这件事。相比之下,第二句话强调的是你的身份。如果起床,是对你价值观的肯定,证明你正在成为自己想要成为的那种人。

同理,如果你具有侦察兵思维并以此为荣,就不太可能会嘲笑与你意见不合的人,因为你会提醒自己,"我不是那种恶语中伤他人的人",说这句话让你感到无比自豪。同样,如果犯了错,你也会更乐意承认自己的错误,因为你会告诉自己,"我不会为自己找借口",这句话让你感到无比满足。有时,这种自豪感或满足感让人们更愿意成为侦察兵而不是士兵。

还记得那位气候变化怀疑论者杰瑞·泰勒吗?他后来改变了自己的观点。他为什么愿意倾听最能反驳其观点的论据?当得知自己掌握的情况不符合事实时,他为什么愿意进行复核?因为身份认同,他以自己不是迂腐之人而自豪:

> 许多人为了生计而从事我所从事的事业,但他们都不愿与对方强有力的支持者交锋,也无意倾听对方最有力的论据。他们只愿意做己方的传声筒。我想做些别的事。因此,出于这个更远大的抱负,我必须勇敢应对另一方最有力的论据。[5]

大家可能还记得,在办公室与气候活动家利特曼进行了一次重要谈话后,泰勒转向他的同事说:"看来我们的观点已经崩塌了。"但他的情绪反应不是绝望,也不是痛苦。相反,泰勒这样描述自己当时的心情——"令人振奋"。

再来看一个例子。我们剧烈运动后第二天会有什么感觉。一定是肌肉酸痛,那种酸痛虽然不舒服,但却带给我们一丝满足感。因为肌肉酸痛提醒我们,我们做的这件艰苦的事情终有一天会让我们受益。如果我们认同自己的侦察兵身份,当意识到自己必须改变想法时同样会有满足感。之所以感到满足,并不是因为改变想法很容易;毕竟,当意识到自己犯了错,或者发现一直与你争论的那个人确实有些道理时,人们都会感到一丝刺痛。但这小小的刺痛提醒我们,我们正在向自己的标准迈进,正在变得更加强大。因此,这种刺痛的感觉变得令人愉悦,就像肌肉酸痛让想要塑形的人感到愉悦一样。

第 3 章提到,人类大脑天生偏向短期利益,这导致我们通常都本能地选择士兵思维。身份认同有效弥补了人类大脑的这一缺陷。它改变了情感激励的方式,让我们在短期内就能感受到某一选择带来的收益,而事实上这种收益只有在很长时间以后才能获得。

我们所在的群体帮助我们形成某种身份认同

贝萨尼·布鲁克希尔一直注重把事情做好。但一路走来,她承认错误的能力(或第一时间注意到错误的能力)并非完全相同,她所在的群体决定了她能否承认错误。

读高中时，布鲁克希尔是戏剧俱乐部的成员。在那里，人们认为学习过程中出现瑕疵或错误很正常。在这样的环境中，她发现自己比较容易注意到，也乐意谈论自己表演中的缺陷。

攻读博士学位时，情况发生了变化。在竞争激烈的学术环境中，一旦承认错误，就会遭到同事们的猛烈抨击。布鲁克希尔发现自己忍不住要"掩盖"错误，她不得不努力克服这种冲动。

十年后，当她离开学术界成为一名记者时，情况又发生了变化。当她指出自己的错误时，她的编辑以及众多的网上读者都真诚地表示欣赏。这种环境下，发现错误再次变得容易。有一次，她对电子邮件中关于性别偏见的说法进行更正后，得到了人们的赞许："这样的跟进令人惊讶，令人佩服。""鼓舞人心的跟进。""我们需要更多这样的报道。"

为了让这本书能够立即帮助到大家，一直以来，我几乎只关注我们作为个体，在周围世界保持不变的情况下，可以做些什么来改变思维模式。但从中长期来看，要改变思维模式，我们能做的最大的事情之一就是重新选择与谁为伍。人类是群居动物，我们的社交圈几乎在不经意间就塑造了我们的身份认同。

假设你告诉你的朋友或同事，你不确定自己是否百分之百同意他们都认同的某种政治观点。你认为他们会有什么反应，是对你的想法感到好奇还是开始对你充满敌意？假设你不同意自己群体中某个人的观点，你会毫无顾虑地先思考一下再表达自己的意见，还是说你会担心任何一丝犹豫都会受到他们的蔑视？

无论你属于哪个群体，都可以努力诚实地思考问题。但你的朋友、同事和听众可能促进你诚实地思考，也可能阻碍你诚实地思考。

我加入有效利他主义运动的原因之一就是这个群体能促进我诚实地思考。有效利他主义核心机构的主页名都是"我们的错误"。该运动的知名人士发表博客文章，其中一篇题为《关于三个关键问题，我改变了看法》。[6] 我看到一些有效利他主义者对自己的同伴进行了最为严厉的指责，指责他们以不诚实的方式向公众夸大宣传有效利他主义。

在大多数情况下，他们欢迎合理的批评。2013 年，我的朋友本·库恩发表了一篇博文，题目为《对有效利他主义的批评》。[7] 文章引发了一场广泛的讨论，其中点赞数最多的评论均来自其他有效利他主义者，他们说："干得好，但感觉你对我们太过宽容了。我想提出一些更强烈的批评……"

2013 年初，本申请在 GiveWell 实习，这是最著名的有效利他主义机构之一，但遭到拒绝。在阅读了本的批评文章后，GiveWell 与他取得联系，并向他提供了实习职位。

像任何其他群体一样，有效利他主义并不完美，我对它也有批评意见。但总体来说，我的体验告诉我，有效利他主义之所以真诚地奖励人们，是因为这些人让这个群体变得更加客观准确，而不是因为他们一味随声附和或盲目为其欢呼。在我曾经所属的其他群体，我总是隐约感到一种威胁：你不能相信这个,否则人们会恨你,于是我便不敢提出某些结论。在有效利他主义群体,只要我真诚地努力解决问题,即使不同意大家的共识,我也不会失去任何社会地位,这一点让我感到欣慰。

你能吸引什么样的人,完全由你自己决定

媒体将以太坊联合创始人维塔利克·布特林称为"先知"、"决策者"、"天才"和"区块链运动的最大咖"。2013年,19岁的布特林和朋友联合创立了以太坊区块链及其相应的加密货币以太币。以太币是继比特币之后最著名的加密货币之一,布特林从此开始了他的封神之路。布特林在加密货币世界中的重要性无人可比。2017年,有谣言称布特林死于车祸,结果导致以太币价格暴跌,市值在几小时内蒸发了数十亿美元。

布特林声名显赫,你可能会认为他说话极具自信,就像某位权威或宗教领袖那样。然而,这位加密货币的领袖不同寻常,他说:"加密货币作为一个行业,我从未对此抱有百分之百的信心。我在博客上发的许多文章和视频,都体现了我对这个行业不确定性的认识。"[8]

的确如此。2017年12月是加密货币的巅峰时期,总市值达到5000亿美元,加密货币爱好者们都在欢呼雀跃,但布特林却在推特上提出了质疑:"但我们真正赚了吗?"他还列出了整个领域被高估的原因。他一再告诫人们,加密货币是一个极不稳定的领域,市值随时可能跌至零,如果接受不了损失,

就一定不要投资。事实上,早在以太币市值达到顶峰之前布特林就抛售了自己持有的 25% 的以太币。有人指责他对自己的货币缺乏信心,他不以为然地说道:"嗯,我不会为自己稳健的财务规划道歉。"[9]

对于他的战略决策,有人支持,也有人反对,无论是支持意见还是反对意见,只要是强有力的论证,布特林都能坦诚面对,并能直率地讨论以太坊的优势和劣势。在一次关于以太坊缺陷的在线对话中,他不请自来,发言道:"在我看来,以太坊目前最有效的批评是……"然后他列举了 7 个问题。[10]

这种诚实有时给他带来麻烦。批评家们无情地解读他说的话("布特林承认他不相信以太坊")或者指责他没有保持积极的态度。

那他为什么一直这么做?因为布特林这样的风格往往能够吸引有思想、聪明、具有侦察兵思维的人,而这正是他想要吸引到以太坊的人,所以即使他无法吸引所有人也没关系。"我这么做,一部分原因是出于自己的内在品味偏好。说实话,和其他人数众多的粉丝相比,我宁愿只保留我最尊重的 1000 名推特粉丝,"他告诉我,"另一部分原因是我真的认为拥有这种文化会增加以太坊成功的机会。"

无论是创办一家公司,还是吸引读者读自己的书,抑或是与潜在客户建立联系,我们都需要根据自己的谈话和行为方式为自己创造机会。要想成为侦察兵,我们肯定不能取悦所有人。其实,我们也不可能取悦所有人,父母在我们的成长过程中就已经告诉我们这一点。因此，我们不妨只取悦自己最想与之为伍的人，取悦我们尊敬的人、能够激励我们成为更好的自己的人。

选择适合自己的线上群体

尽管人们抱怨推特、脸书及其他社交平台"有毒"，但他们似乎不愿花费太多精力去提高自己的在线体验。网上确实有很多喷子、过度自信的专家、严苛的脱口秀主持人和不诚实的高知，但你不必关注他们，你可以选择阅读好网站的文章，让自己成为好网站的常客。

比如，第 12 章中提到的 r/FeMRA 论坛就是一个好网站。在这里，女权主义者和男权活动家表达各自不同的观点，进行富有成效的讨论。ChangeAView.com 也很不错，这是一个由芬兰高中生卡尔·特恩布尔创建的在线社区，目前会员人数已超过 50 万。

在 ChangeAView 平台，发帖人提出自己的观点，让其他人来讨论，说服自己改变这个观点。例如，一篇帖子的开头是这样的："改变我的观点——人们对气候变化真的无能为力"或"改变我的观点——所有毒品都应该合法化"。其他人看到帖子后便开始反驳。如果某个评论者的反驳在某种程度上改变了原发帖人的观点，原发帖人就会奖励这位评论者一个"Δ"。①当然，这种改变并非180度的彻底改变，而是对原有观点进行了一点更新，比如，反驳者提出了一个反例或一个有趣的反证，发帖人以前从未听说过，也不确定自己是否同意。

该论坛的成员们都想获得"Δ"，因为它是ChangeAView的地位象征，每个成员的名字旁边都标注了该成员的累积"Δ"值。久而久之，为了得到"Δ"，成员们形成了更可靠的沟通方式，比如提出明确的问题，尽量不辱骂原发帖人。

由于制定了明确的群体规则，同时也由于该群体成员的高素质，ChangeAView上的讨论基调与其他大多数的网上讨论截然不同。类似下面的评论在ChangeAView上比比皆是，但在其他网站上却很难看到：

- 这个回答很有趣，将我引向了一个完全出乎意料的方向。谢谢。[11]
- 我原来从未考虑过这个问题。我想你应该得到一个"Δ"。[12]
- 我无从反驳。我想这可能是目前我在这里看到的最有说服力的论点，但我不确定它是否改变了我的观点。我想我还需要消化一下。[13]

你在网上阅读、关注和交谈的人就像"现实"群体中的人

---

① Δ（Delta）是一个希腊字母，数学家用它来表示增量变化。

一样,帮助你形成自己的身份认同。如果你把时间花在那些让你愤怒、让你想去驳斥或让你鄙视的人身上,就可能进一步促进士兵思维的养成。如果你把时间花在 ChangeAView 或 r/FeMRA 这样的地方,就可以强化侦察兵思维。此外,在网上看到一些侦察兵的好榜样,如某些博主、作家或社交媒体上的随机人群,你可以联系他们,然后自建一个松散的网络"群体"。

你永远不知道这样做会发生什么。

2010 年,我花了一周时间在网上关注一场关于某篇博文是否存在性别歧视的激烈辩论。博文作者是 20 多岁的卢克。他插话说,自己仔细思考了批评者的论点,但依然认为自己的文章没有什么问题。不过,他说,只要能让他信服,他随时可以改变看法。他甚至发布了一份清单,题目是《为什么我可能错了》。文中列举并总结了迄今为止反对他的一些最佳论据,同时解释了为什么这些论据不能完全说服他。

几天后,卢克再次发帖。其间,这场辩论已在多个博客上引发了超过 1500 条的评论。卢克发帖的原因是想让大家知道,他找到了一个令他信服的论点,现在他认为自己原来的文章会造成伤害。

卢克坦言,许多认为他的文章不道德的读者肯定已经疏远了他。"现在,那些曾经为我辩解,认为我的文章没有问题的人,可能也要疏远我了,因为我改变了原来的看法。"他说,"嗯,这太糟糕了,但我现在确实认为这篇文章是不道德的。"[14]

"哇！"我感叹。我钦佩卢克在面对强大压力时没有改变看法，也钦佩他在看到强有力的论据后改变了自己的看法。我决定给他发信息，告诉他我很欣赏他："嘿，我是朱莉娅·加利夫，我想告诉你，我很欣赏你深思熟虑的写作！感觉你真的在乎真理。"

"嘿，谢谢！我对你的写作也有同感。"卢克回答。

十年后，我和卢克订婚了。

选择榜样，向榜样看齐

当我们渴望拥有某种美德，我们通常可以说出至少一位体现这种美德并激励我们践行这一美德的榜样人物。比如，一位雄心勃勃的企业家可能会以每天工作 18 个小时、吃拉面、在车库里开店的企业家为榜样，每当自己士气低落时，就会想起这些榜样，让他们激励自己不断前行。努力让自己对孩子保持耐心的父母会以自己的父母、祖父母、老师或其他成年人为榜样，因为他们在自己年幼时表现出极大的耐心。

培养侦察兵思维也是如此。如果和非常擅长侦察兵思维的人交谈，你会发现他们常常将自己的侦察兵思维归功于某个榜样——一个他们记在心中不断激励自己的榜样。事实上，这也是我将侦察兵的故事纳入本书的部分原因：我不仅仅想告诉大家为什么侦察兵思维很有用，还想告诉大家为什么侦察兵思维让人觉得很有意义且振奋人心。

不同的人会受到不同事物的鼓舞。如果你对侦察兵思维的某个方面尤其感兴趣，你就会去关注体现了这方面特质的人。例如，应对艾滋病危机的公民科学家体现的特质是理智看待自己的身份并专注于影响力。我是从人道联盟负责人戴维·科曼-希迪那里了解到这些公民科学家的故事。科曼-希迪跟团队成员分享了这个故事，让他们以此作为行动主义的榜样。"对我来说，这是一个极其鼓舞人心的故事，"科曼-希迪告诉我，"我认为活动家就应该秉持这种精神，我们会遇到障碍，会犯错，会遭受失败……但没关系，我们只需要不断保持清醒的头脑，冷静判断怎么做才最有益。"

让你备受鼓舞的特质也许是即使对某个问题不确定，也感到自信。朱利安·桑切斯是华盛顿卡托研究所的作家和高级研究员。大学期间，他采访了著名政治哲学家罗伯特·诺齐克。诺齐克于 2002 年去世，因此这也是对诺齐克的最后一次采访。这次采访给桑切斯留下了深刻的印象。

桑切斯了解的哲学家大多以强势的姿态来证明自己的观点。他们通常先提出所有潜在的反对意见，然后一一批驳，最终迫使你接受他们的结论，诺齐克的做法完全不同。"他会带你一起分析处理问题，"桑切斯回忆道，"不会试图掩盖疑问或困惑，还经常跑题，说着说着就转到其他有趣的话题上了。有时，他也会提出某些问题，然后承认自己无法完全解决。"[15] 诺齐克给人的感觉就好像在说："我不需要表现得很确定，因为如果我不能确定答案，没有人可以确定。"

这种即使不确定也很自信的特质成为桑切斯在创作技术、隐私和政治方面的文章时学习的榜样。桑切斯告诉我:"诺齐克提高了我的审美鉴赏力。他让我认识到,不需要对所有事情都有把握是自信的表现。这是一种理智自信。"

也许最能鼓舞你的特质是敢于直面现实。在第 7 章中,我讲述了史蒂文·卡拉汉的故事。在海上漂流的十余个星期,卡拉汉的沉着冷静帮助他做好了最坏的打算,并在诸多艰难的选择中做出了最好的选择。卡拉汉的沉着冷静得益于一位榜样人物——杜格尔·罗伯逊。1972 年,罗伯逊遭遇沉船后,成功地让自己和家人在海上漂流五个多星期后获救。

卡拉汉在船沉之前紧急抢救下来的物资很少,其中就包括罗伯逊的回忆录《怒海余生》(*Sea Survival*)。这本书价格不贵,但对于卡拉汉在救生筏上漂泊的那十余个星期而言犹如"一笔国王的赎金",其价值不仅在于书中的求生实用技巧,还在于它对逆境中的人进行的情绪引导。[16] 罗伯逊在书中强调,接受残酷的现实极其重要,与其希冀被人发现并获救,不如勇敢面对海上独自漂流的新现实。每次卡拉汉看到过往船只,明明感觉船就近在眼前,对方却总也看不到他发出的求救信号。这时卡拉汉就会用罗伯逊的格言鼓励自己:救援只是你求生路上的一个令人愉快的小插曲。

就我个人而言,所有这些侦察兵特质都令我鼓舞:重影响力,轻身份认同;即使不确定,也很自信;勇于直面现实。但是,如果仅列举一个我认为最鼓舞人心的特质,那就是理智诚实：希望真理胜出，真理远比自尊重要。

关于理智诚实，我最常想到的例子是英国演化生物学家理查德·道金斯在牛津大学动物学系读书时讲述的一个故事。[17] 当时，生物学界对一种被称为"高尔基体"的细胞结构存在重大争议：该细胞结构是真实存在，还是我们的观察方法造成的错觉？

一天，一位来自美国的年轻访问学者来到牛津大学动物学系做讲座，提出了令人信服的新证据，证明"高尔基体"真实存在。听众席中有一位年长的教授，他是牛津大学最受尊敬的动物学家之一，大家都知道他的观点是"高尔基体"并不存在。因此，整个讲座过程中，每个人都在偷看教授，想知道他会怎么反应，他会说什么。

讲座结束时，这位牛津教授从座位上站起来，走到报告厅前面，伸手与这位访问学者握手，说："亲爱的朋友，我想感谢你。这15年来我一直都是错的。"报告厅爆发出热烈的掌声。

道金斯说："每次想起这件事都让我哽咽。"每当我复述这个故事时，我也感动得想哭。这就是我想成为的那种人，这个故事常常激励我选择侦察兵思维，即使士兵思维具有强大的诱惑力。

结　语

当人们听说我写的这本书是关于如何停止自欺欺人并实事求是地看待世界时，他们认为我的世界观一定是消极阴郁的——放弃幸福梦想，面对残酷现实。事实上，这是一本异常乐观的书。不是无视实际情况、认为一切都很美好的盲目"乐观"，而是客观分析实情后的理性乐观。

大多数人认为幸福和现实只能选其一，因此他们要么耸耸肩，摆摆手说："啊，好吧，这对追求客观的人来说实在太糟了。"要么说："啊，好吧，这对追求幸福的人来说实在太糟了。"

这本书的中心主题是我们不必在幸福和现实之间做出选择。只要付出一点额外的努力，再加上一些聪明才智，我们就可以两者兼得。我们可以找到克服恐惧和不安全感的方法。面对挫折，我们可以大胆冒险，坚持不懈。我们还可以影响、说服和激励他人，为社会变革做出有效贡献。只要我们理解和尊重事实，不再回避现实，这一切就能做到。

"理解和尊重事实"首先要做到的是，接受我们天生就受士兵思维影响这一事实。当然，这并不代表我们不能改变自己的思维方式。我们不能期望自己一夜之间就变成百分之百的侦察兵思维，但可以从士兵思维向侦察兵思维逐步迈进。

在合上这本书之前，我们可以考虑为自己量身定制一个向侦察兵思维逐步迈进的计划。我建议从少数几个侦察兵思维习惯开始，选择两三个习惯即可。以下习惯可供大家选择。

1. 下次做决定时，问问自己在这种情况下什么样的偏见会影响自己的判断，然后做相关的思维实验（例如，局外人测试、观点一致性测试、现状偏向测试）。

2. 当注意到自己提出了一个肯定的观点（"我们不可能……"）时，问问自己有多确定。

3. 下次如果突然想起某个问题或某个令你担忧的情况，不要着急找借口忽略它。想想如果这个问题真的发生，你会如何处置，为自己制定一个具体的处理预案。

4. 找一位与自己观点不一致的作家，一个媒体或其他信息来源，但要注意，这个人或这个信息来源应该比一般人更有可能改变你的看法，比如，你认为通情达理或与你有共同点的人。

5. 下次当看到某人行为"不理性"、"疯狂"或"粗鲁"时，要想一想他们为什么会这么做。

6. 不要错过更新原有观点的机会，比如发现无法证实自己观点的某个反例，或者找到某个经验证据让自己对原有观点产生了一丝动摇。

7. 回想一下，自己与某人意见发生分歧后是否改变了原有观点。如果是，那就和对方联系，告诉他你已经更新原有观点。

8. 选择一个你坚信的观点，然后进行对立观点的意识形态图灵测试（如果能让持对立观点的人来判断你能否通过测试，那将更理想）。

当然，我们也可以选择其他习惯。无论关注哪些习惯，一定不要漏掉这个：时刻留意自己是否存在动机性推理——发现一个这样的例子，就为自己点赞。记住，动机性推理是普遍存在的；如果你从未发现自己犯过动机性推理的错误，那可能并不是因为你不会受其影响。越来越多地意识到自己的动机性推理是减少动机性推理的重要一步，所以如果意识到自己存在动机性推理，你应该感到欣慰。

我还认为，理性乐观对人类来说很难做到，因为士兵思维深深扎根在人类的大脑中。无论我们有多聪明，也无论我们有多强的防范意识，要注意到自己的士兵思维都很难，更不用说克服了。了解这一点，我对他人的不合理行为就变得更加宽容（更何况，我发现自己也无数次犯过动机性推理的错误，我觉得我没有评判他人的资格）。

归根结底，我们由猿进化而来，我们的大脑不断优化的目的是为自己和群体辩解，而不是对科学证据进行公正的评估。因此，当有人在人类天生就不擅长的方面表现得不够好时，我们为什么要生气呢？当有人克服遗传基因，在人类天生不擅长的方面表现优异时，我们学习他们的方法是不是更有意义呢？

这样的事例和方法有很多。杰瑞·泰勒本可以轻松地继续为气候怀疑论辩护，但追求真相的他开始调查对己方不利的证据，并最终改变了自己的立场。约书亚·哈里斯本可以轻松地继续宣传《不再约会》，但他选择了倾听批评者的意见，仔细思考他们的经历，然后决定停止出版这本书。贝萨尼·布鲁克希尔其实不需要核实自己关于性别偏见的说法并进行纠正，但她还是这样做了。

看到人类出于一己之私而扭曲现实，我们会感到痛苦。但我们还可以关注到人类的另一面，世界上有许多人像皮卡尔上校那样愿意花数年的时间，只为求得事情的真相。这些人让我们备受鼓舞，是我们学习的榜样。

人类不是完美的物种。我们应该为自己取得的成就感到自豪，不应该为没有达到理想的标准而感到沮丧。少一点士兵思维，多一点侦察兵思维，我们就可以成为更好的自己。

致　谢

在撰写本书的过程中，Portfolio 出版社的编辑朋友们给予了我莫大的帮助。尤其在我不断改写的过程中，他们表现出了非凡的耐心，在这里我想对他们表示诚挚的感谢。谢谢考希克·维什瓦纳斯为本书提出了中肯成熟的意见；感谢尼娜·罗德里格斯·马蒂为我加油打气；同时非常感谢斯蒂芬妮·弗雷里奇一开始就给我这个机会。我还想感谢这个世界上最好的文学代理人，来自版权代理公司 Inkwell 的威廉·卡拉汉。在整个写作过程中，他为我这个初尝写作之人提供了无尽的支持、无限的灵活性、睿智的建议，以及巨大的正能量。

长期与有效利他主义者一起工作，让我受益匪浅。这个群体善于侦察兵思维，充满了我敬佩的思想和精神。能和这个群体一起工作，我感到非常幸运。在这里，人们认真对待各种想法，处理分歧的态度是"让我们一起努力，找出为什么我们会以不同的方式看待这个问题"。

还有许许多多的朋友，为了帮助我完成这本书，从不吝惜他们的时间，接受我的采访，分享他们的经历，并提出发人深省的反驳意见。有些人的意见一直出现在我脑海里，并最终对本书中的论点产生了极大的影响。我想对他们表示感谢：威尔·麦克斯基尔、霍顿·卡诺夫斯基、卡佳·格雷斯、摩根·戴维斯、阿杰亚·科特拉、丹尼·赫尔南德斯、迈克尔·尼尔森、德文·祖格尔、帕特里克·科利森、乔纳森·斯旺森、刘易斯·波拉德、达拉格·巴克利、朱利安·桑切斯、西明·瓦齐尔、埃米特·希尔、亚当·德安杰洛、哈吉特·塔格、马洛·布尔贡、斯宾塞·格林伯格、斯蒂芬·泽法斯和内特·苏亚雷斯。当然，这份名单还远不够完整。

此外，如果没有丘吉尔、惠斯勒、佐伊、莫莉、温斯顿，以及诺伊谷所有其他狗狗的帮助，这本书可能永远无法完成（还要感谢狗主人的帮助，因为他们允许我抚摸狗狗）。在漫长而孤独的几个月的写作中，你们让我保持理智。非常感谢。你们都是最好的狗狗。

我还要感谢在本书写作过程中支持我的朋友和家人。当我像隐士一样居家写作时，他们给我发来鼓励问候的短信；当我不得不取消计划时，他们表现出暖心的善解人意；他们知道什么时候不要问："嗯，写作进展得怎么样了？"感谢我的兄弟耶西和朋友斯宾塞,每次和他们谈论某个令我纠结的想法时,他们总能让我茅塞顿开,他们的见解让这本书变得越来越好。感谢爸爸、妈妈给予我无私的爱和鼓励,感谢他们为我的成长树立了侦察兵思维的好榜样。

我最想感谢的人是我的未婚夫卢克。他是我宝贵的精神支柱、咨询对象、灵感来源和榜样。他帮我构思这本书的中心思想,提出了绝妙的建议,在我遇到困难时安慰我,当我大声抱怨糟糕的社会科学方法论时,他坐在一旁耐心地倾听。有君如此,夫复何求。

附录 A
斯波克的预测

1.

柯克：你不能靠近其他孩子吗？

斯波克：不可能。他们对周边环境太熟悉了。

柯克：我试试。

事实：柯克成功了。[1]

2.

斯波克：如果罗慕伦人是瓦肯人的分支，我认为这很可能……

事实：斯波克是对的，罗慕伦人是瓦肯人的一个分支。[2]

3.

斯波克：先生们，你们来追我，很可能已经毁掉了渺茫的生存机会。

事实：每个人都活了下来。[3]

4.

斯波克与几名机组人员被困在一个星球上,他一边发出求救信号,一边说此举很荒唐,因为人们"不可能"看到。

事实:"企业号"看到了求救信号,他们成功获救。[4]

5.

柯克舰长因玩忽职守而受审。斯波克证明柯克"不可能"有罪,因为"我了解舰长"。

事实:斯波克是对的,柯克实际上是被陷害的。[5]

6.

柯克:斯波克先生,那里有150个男人、女人和孩子。你觉得找到幸存者的机会有多大?

斯波克:绝对不可能有幸存者,舰长。

事实:找到很多幸存者,且健康状况良好。[6]

7.

斯波克:你所描述的曾被当地话称为幸福药丸。作为一名科学家,你应该知道这是不可能的。

事实:这是可能的,斯波克就吃了一粒。[7]

8.

斯波克:你我都被杀的概率是1/2228.7。

柯克:1/2228.7?概率很高啊,斯波克先生。

事实:他们都活了下来。[8]

9.

柯克:斯波克先生,我们会碰到那两个警卫吗?你认为我们逃脱的概率有多大?

斯波克：很难准确判断，舰长。我觉得大约是 1/7824.7。

事实：最后他俩都逃脱了。[9]

10.

柯克：那么，现在成功逃脱的概率有多大？

斯波克：不到 1/7000，舰长。我们能跑这么远，真是难以置信。

事实：最后他俩都逃脱了。[10]

11.

斯波克：你的生存概率不大。我们甚至不知道爆炸是否具有足够的威力。

柯克：我们已经计算过风险等级，斯波克先生。

事实：他幸免于难。[11]

12.

柯克：你认为我们可以用两个通信器造成声波干扰吗？

斯波克：几乎不可能。

事实：柯克的方法确实有效。[12]

13.

麦考伊：我们的朋友存活的概率不容乐观。

斯波克：是的。我想大概是 400……

麦考伊打断了他的话，但斯波克很可能想说"1/400"。

事实上，他们的朋友活了下来。[13]

14.

契诃夫：也许是星际尘埃云。

斯波克：不太可能，少尉。

事实上，他们发现的不是尘埃云，而是一种消耗能量的巨大太空生物。[14]

附录 A 斯波克的预测

15.

柯克：斯波克，如果翻转麦考伊神经分析仪上的电路，能否设置一个逆磁场来干扰投影仪？

斯波克：我不确定是否可行，舰长。

柯克：有可能实现吗？

斯波克：可能性很小。

事实：这个办法确实不起作用。[15]

16.

柯克：斯波克先生，这个星球上的其他地方会不会存在更先进的文明，能够建造方尖碑或开发偏转系统？

斯波克：极不可能，舰长。传感器探头显示这里仅有一种生命形式。

事实：斯波克是对的。[16]

17.

斯波克：那艘船毫无生命迹象……概率为 99.7%，舰长。

事实上，船上有一种危险的外星生物。[17]

18.

柯克：能否对传送器进行编程，让它把我们变回原来的样子？

斯波克：有可能。但我们失败的概率是 1/99.7。

事实：传送器运转良好，他俩也很安全。[18]

19.

柯克：你觉得哈里·穆德在下面吗，斯波克？

斯波克：他在主矿脉的概率是 81%±0.53。

事实：穆德确实在下面。[19]

20.

EM：我们都会死在这里的。

斯波克：有可能。

事实：他们活了下来。[20]

21.

EM：破坏者是我们中的一员？

斯波克：可能性为 82.5%。

事实上，破坏者就在他们当中。[21]

22.

柯克：斯波克先生，我们的机会有多大？

斯波克：如果密度不再增加，我们应该可以挺过去。

事实：他们成功了。[22]

23.

斯波克：舰长，同时拦截三艘飞船是不可能的！

事实：柯克成功了。[23]

附录 B
校准练习答案

第一轮：动物知识

1. 错误。最大的哺乳动物是蓝鲸，不是大象。
2. 正确。
3. 错误。十足虫是腿最多的动物，有的千足虫有多达 750 条腿。蜈蚣最多有 354 条腿。
4. 正确。最早的哺乳动物大约出现在 2 亿年前。恐龙大约在 6500 万年前灭绝。
5. 错误。
6. 错误。骆驼的驼峰储存脂肪，而不是水。
7. 正确。
8. 正确。大熊猫几乎所有的食物都是竹子。
9. 错误。产卵的哺乳动物有两种：一种是鸭嘴兽，另一种是针鼹。
10. 正确。

第二轮：历史人物

11. 孔子（公元前 551 年）比恺撒（公元前 100 年）早出生。

12. 圣雄甘地（1869 年）比菲德尔·卡斯特罗（1926 年）早出生。

13. 纳尔逊·曼德拉（1918 年）比安妮·弗兰克（1929 年）早出生。

14. 埃及艳后（公元前 69 年）比穆罕默德（约 570 年）早出生。

15. 圣女贞德（约 1412 年）比威廉·莎士比亚（1564 年）早出生。

16. 孙子（约公元前 545 年）比乔治·华盛顿（1732 年）早出生。

17. 成吉思汗（1162 年）比达·芬奇（1452 年）早出生。

18. 卡尔·马克思（1818 年）比维多利亚女王（1819 年）早出生。

19. 玛丽莲·梦露（1926 年）比萨达姆·侯赛因（1937 年）早出生。

20. 阿尔伯特·爱因斯坦（1879 年）比毛泽东（1893 年）早出生。

第三轮：截至 2019 年的国家人口

21. 德国（8400 万）人口超过法国（6500 万）。

22. 日本（1.27 亿）人口超过韩国（5100 万）。

23. 巴西（2.11 亿）人口超过阿根廷（4500 万）。

24. 埃及（1 亿）人口超过博茨瓦纳（200 万）。

25. 墨西哥（1.28 亿）人口超过危地马拉（1800 万）。

26. 巴拿马（400 万）人口超过伯利兹（39 万）。

27. 海地（1100 万）人口超过牙买加（300 万）。

28. 希腊（1000 万）人口超过挪威（500 万）。

29. 中国（14.3 亿）人口超过印度（13.7 亿）。

30. 伊朗（8300 万）人口超过伊拉克（3900 万）。

第四轮：一般科学事实

31. 错误。火星有两个"月亮"——火卫一和火卫二。

32. 正确。

33. 错误。黄铜由锌和铜制成。

34. 正确。一汤匙油大约含 120 卡路里，而一汤匙黄油最多含 110 卡路里。

侦察兵思维

35. 错误。最轻的元素是氢，不是氦。
36. 错误。普通感冒是由病毒而不是细菌引起的。
37. 正确。
38. 错误。季节是由地轴的倾斜引起的。
39. 正确。
40. 正确。

注　释

第 1 章

1. 本章关于德雷福斯事件的介绍参考了以下文献：Jean-Denis Bredin, *The Affair: The Case of Alfred Dreyfus* (London: Sidgwick and Jackson, 1986); Guy Chapman, *The Dreyfus Trials* (London: B. T. Batstord Ltd., 1972), 及 Piers Paul Read, *The Dreyfus Affair: The Scandal That Tore France in Two* (London: Bloomsbury, 2012)。
2. "Men of the Day.—No. DCCLIX—Captain Alfred Dreyfus," *Vanity Fair*, September 7, 1899, https://bit.ly/2LPkCsI.
3. 普及定向动机推理这一概念的论文是 Ziva Kunda, "The Case for Motivated Reasoning," *Psychological Bulletin* 108, no. 3 (1990): 480–98, https://bit.ly/2MMybM5。
4. Thomas Gilovich, *How We Know What Isn't So: The Fallibility of Human Reason in Everyday Life* (New York: The Free Press, 1991), 84.
5. Robert B. Strassler, ed.,*The Landmark Thucydides* (New York: The Free

Press, 2008), 282.
6. 有关英语中"争论即战争"的隐喻,最著名的文献是 George Lakoff 和 Mark Johnson 合著的 *Metaphors We Live By* (Chicago: University of Chicago Press, 1980).
7. Ronald Epstein, Daniel Siegel, and Jordan Silberman, "Self-Monitoring in Clinical Practice: A Challenge for Medical Educators," *Journal of Continuing Education in the Health Professions* 28, no. 1 (Winter 2008): 5–13.
8. Randall Kiser, *How Leading Lawyers Think* (London & New York: Springer, 2011), 100.

第 2 章

1. G. K. Chesterton, "The Drift from Domesticity," *The Thing* (1929), loc. 337, Kindle.
2. G. K. Chesterton, *The Collected Works of G. K. Chesterton*, vol. 3 (San Francisco, CA: Ignatius Press, 1986), 157.
3. James Simpson, *The Obstetric Memoirs and Contributions of James Y. Simpson*, vol. 2 (Philadelphia: J. B. Lippincott & Co., 1856).
4. Leon R. Kass, "The Case for Mortality," *American Scholar* 52, no. 2 (Spring 1983): 173–91.
5. Alina Tugend, "Meeting Disaster with More Than a Wing and a Prayer," *New York Times*, July 19, 2008, https://www.nytimes.com/2008/07/19/business/19shortcuts.html.
6. 《校园风云》,亚历山大·佩恩执导(MTV Films 和 Bona Fide Productions 联合制作,1999)。
7. R. W. Robins and J. S. Beer, "Positive Illusions About the Self: Short-term Benefits and Long-term Costs," *Journal of Personality and Social Psychology* 80, no. 2 (2001): 340–52, doi:10.1037/0022-3514.80.2.340.
8. Jesse Singal, "Why Americans Ignore the Role of Luck in Everything,"

The Cut, May 12, 2016, https://www.thecut.com/2016/05/why-americans-ignore-the-role-of-luck-in-everything.html.

9. wistfulxwaves（红迪网用户），关于"Masochistic Epistemology"的评论，Reddit，2018年9月17日，https://www.reddit.com/r/BodyDysmorphia/comments/9gntam/masochistic_epistemology/e6fwxzf/.

10. A. C. Cooper, C. Y. Woo, and W. C. Dunkelberg, "Entrepreneurs' Perceived Chances for Success," *Journal of Business Venturing* 3, no. 2 (1988): 97–108, doi:10.1016/0883-9026(88)90020-1.

11. Daniel Bean, "Never Tell Me the Odds," *Daniel Bean Films* (blog), April 29, 2012, https://danielbeanfilms.wordpress.com/2012/04/29/never-tell-me-the-odds/.

12. Nils Brunsson, "The Irrationality of Action and Action Rationality: Decisions, Ideologies and Organizational Actions," *Journal of Management Studies* 19, no. 1 (1982): 29–44.

13. 关于士兵思维的真正功能，心理学家和演化心理学家争论的核心是情感收益与社会收益之间的区别。心理学家经常将动机性推理的情感收益描述成经过不断进化后形成的"心理免疫系统"，用于保护我们的情感健康，就像我们的常规免疫系统不断进化以保护我们的身体健康一样。

"心理免疫系统"的观点在直觉上似乎令人信服。但演化心理学家反驳说，该观点唯一的问题是毫无道理。进化系统没有理由要让大脑自我感觉良好，但有理由让我们看起来不错。如果我们看起来强大、诚实、地位高，其他人就会更倾向于服从我们并与我们合作。因此，演化心理学家认为，动机性推理产生的社会收益是其发展的根本原因，而情感收益只是动机性推理的副产品。

还有第三种可能：在很多情况下，我们使用士兵思维根本不是进化的结果，只是因为我们会做，而且这么做让我们感觉良好。打个比方，手淫本身不是进化后的产物，但我们的性欲得到了进化，我们的手也得到了进化，于是人类想到了如何将两者结合起来。

14. Robert A. Caro, *Master of the Senate: The Years of Lyndon Johnson* III (New York: Knopf Doubleday Publishing Group, 2009), 886.
15. Z. J. Eigen and Y. Listokin, "Do Lawyers Really Believe Their Own Hype, and Should They? A Natural Experiment," *Journal of Legal Studies* 41, no. 2 (2012), 239–67, doi:10/1086/667711.
16. Caro, *Master of the Senate*, 886.
17. Randall Munroe, "Bridge," *XKCD*, https://xkcd.com/1170.
18. Peter Nauroth et al., "Social Identity Threat Motivates Science-Discrediting Online Comments," *PloS One* 10, no. 2 (2015), doi:10.1371/journal.pone.0117476.
19. Kiara Minto et al., "A Social Identity Approach to Understanding Responses to Child Sexual Abuse Allegations," *PloS One* 11 (2016年4月25日), doi:10.1371/journal.pone.0153205.
20. Eigen 和 Listokin 的文章"Do Lawyers Really Believe Their Own Hype, and Should They?"中论及了这一结果。谈判中也有类似的适得其反的结果：学生被随机分配到谈判的某一方，还没有阅读事实材料，他们就认定己方是正确的，并力求为己方争取更多的钱。因此，双方难以达成一致，谈判结束后他们平均得到的钱也更少，参见 George Loewenstein、Samuel Issacharoff、Colin Camerer 及 Linda Babcock, "Self-Serving Assessments of Fairness and Pretrial Bargaining," *Journal of Legal Studies* 22, no. 1 (1993): 135–59。

第 3 章

1. Bryan Caplan, "Rational Ignorance Versus Rational Irrationality," *KYKLOS* 54, no. 1 (2001): 2–26, doi:10.1111/1467-6435.00128. 在这篇论文中，卡普兰认为人们选择相信何种观点是自己操控的。他设想人们的操控方式是：对于需要形成准确观点的问题，他们投入更多的精力，而对于需要形成错误观点的问题，他们就会投入更少的精力。士兵思维有时也是这么运作的：我们听到某个论点，如果我们处于"我能接受吗？"这种模式，就会不加审查地接受这个论点。但有时，士兵思维需要我们付出更多的努力来为错误的观点进行辩解。

2. George Ainslie 的 著 作 Picoeconomics: The Strategic Interaction of Successive Motivational States Within the Person (Cambridge, UK: Cambridge University Press, 1992) 详细论述了即时倾向和具象性倾向如何影响我们的决策。

3. Andrea Gurmankin Levy et al., "Prevalence of and Factors Associated with Patient Nondisclosure of Medically Relevant Information to Clinicians," JAMA Network Open 1, no. 7 (December 30, 2018,): e185293, https://jamanetwork.com/journals/jamanetworkopen/fullarticle/2716996.

4. "Up to 81% of Patients Lie to Their Doctors—And There's One Big Reason Why," The Daily Briefing, December 10, 2018, https://www.advisory.com/daily-briefing/2018/12/10/lying-patients.

5. Joanne Black, "New Research Suggests Kiwis Are Secretly Far More Ambitious Than We Let On," Noted, April 4, 2019, https://www.noted.co.nz/health/psychology/ambition-new-zealanders-more-ambitious-than-we-let-on/.

6. Mark Svenvold, Big Weather: Chasing Tornadoes in the Heart of America (New York: Henry Holt and Co., 2005), 15.

第 4 章

1. u/AITAthrow12233 (Reddit user), "AITA if I don't want my girlfriend to bring her cat when she moves in?," Reddit, November 3, 2018, https://www.reddit.com/r/AmItheAsshole/comments/9tyc9m/aita_if_i_dont_want_my_girlfriend_to_bring_her/.

2. Alexandra Wolfe, "Katie Couric, Woody Allen: Jeffrey Epstein's Society Friends Close Ranks," Daily Beast, April 1, 2011, https://www.thedailybeast.com/katie-couric-woody-allen-jeffrey-epsteins-society-

friends-close-ranks.
3. Isaac Asimov, "A Cult of Ignorance," *Newsweek*, January 21,1980.
4. Richard Shenkman, *Just How Stupid Are We? Facing the Truth About the American Voter* (New York: Basic Books, 2008).
5. Dan M. Kahan, "'Ordinary Science Intelligence': A Science-Comprehension Measure for Study of Risk and Science Communication, with Notes on Evolution and Climate Change," *Journal of Risk Research* 20, no. 8 (2017): 995 – 1016, doi:10.1080/13669877.2016.1148067.
6. Caitlin Drummond and Baruch Fischhoff, "Individuals with Greater Science Literacy and Education Have More Polarized Beliefs on Controversial Science Topics," *Proceedings of the National Academy of Sciences* 114, no. 36 (2017): 9587 – 92, doi:10.1073/pnas.1704882114.
7. YoelInbar and JorisLammers, "Political Diversity in Social and Personality Psychology," *Perspectives on Psychological Science* 7 (September 2012): 496 – 503.
8. 这些问题取自两个最广泛使用的"僵化"指标。问题1来自右翼威权主义量表，该量表用于测量"权威性人格"。问题2~3来自威尔逊保守主义量表，用于捕捉"威权主义、教条主义、法西斯主义和反科学态度"。G. D. Wilson and J. R. Patterson, "A New Measure of Conservatism," *British Journal of Social and Clinical Psychology* 7, no. 4 (1968): 264 – 69, doi:10.1111/j.2044-8260.1968.tb00568.x.
9. William Farina, *Ulysses S. Grant, 1861–1864: His Rise from Obscurity to Military Greatness* (Jefferson, NC: McFarland& Company, 2014), 147.
10. Charles Carleton Coffin, *Life of Lincoln* (New York and London: Harper & Brothers, 1893), 381.
11. William Henry Herndon and Jesse William Weik, *Herndon's Informants: Letters, Interviews, and Statements About Abraham Lincoln* (Champaign, IL: University of Illinois Press, 1998), 187.

12. Bethany Brookshire (@BeeBrookshire), Twitter, January 22, 2018, https:// bit.ly/2Awl8qJ.
13. Bethany Brookshire (@BeeBrookshire), Twitter, January 29, 2018, https:// bit.ly/2GTkUjd.
14. Bethany Brookshire, "I went viral. I was wrong," blog post, January 29,2018, https://bethanybrookshire.com/i-went-viral-i-was-wrong/.
15. Regina Nuzzo, "How Scientists Fool Themselves—And How They Can Stop," *Nature*, October 7, 2015, https://www.nature.com/news/how-scientists-fool-themselves-and-how-they-can-stop-1.18517.
16. Darwin Correspondence Project, "Letter no. 729," accessed on January 5, 2020, https://www.darwinproject.ac.uk/letter/DCP-LETT-729.xml.
17. Darwin Correspondence Project, "Letter no. 2791," accessed on February 7, 2020, https://www.darwinproject.ac.uk/letter/DCP-LETT-2791.xml.
18. Darwin Correspondence Project, "Letter no. 2741," accessed on January 10, 2020, https://www.darwinproject.ac.uk/letter/DCP-LETT-2741.xml.

第5章

1. Max H. Bazerman and Don Moore, *Judgment in Managerial Decision Making* (New York: John Wiley & Sons, 2008), 94.
2. u/spiff2268 (Reddit user), comment on "[Serious] Former Incels of Reddit.What brought you the ideology and what took you out?," Reddit, August 22, 2018, https://www.reddit.com/r/AskReddit/comments/99buzw/ serious_former_incels_of_reddit_ what_brought_you/e4mt073/.
3. Greendruid, comment on "Re: Democrats may maneuver around GOP on healthcare," Discussion World Forum, April 26,2009, http://

www.discussionworldforum.com/showpost.php?s=70747dd92d8fbd
ba12c4dd0592d72114 &p=7517&postcount=4.
4. Andrew S. Grove, *Only the Paranoid Survive: How to Exploit the Crisis Points That Challenge Every Company* (New York: Doubleday, 1999), 89.
5. 该词来自 Hugh Prather, *Love and Courage* (New York: MJF Books, 2001), 87。
6. Julie Bort, "Obama Describes What Being in the Situation Room Is Like—and It's Advice Anyone Can Use to Make Hard Decisions," *Business Insider*, May 24, 2018, https://www.businessinsider.com/obama-describes-situation-room-gives-advice-for-making-hard-decisions-2018-5.
7. 有关政策观点的现状偏向测试还有更细致的描述，参见 Nick Bostrom and Toby Ord, "The Reversal Test: Eliminating Status Quo Bias in Applied Ethics," *Ethics* 116, no. 4 (July 2006): 656–79, https://www.nickbostrom.com/ethics/statusquo.pdf。

第 6 章

1. *Star Trek Beyond*, directed by Justin Lin (Hollywood, CA: Paramount Pictures, 2016).
2. *Star Trek: The Original Series*, season 2, episode 11, "Friday's Child," aired December 1, 1967, on NBC.
3. *Star Trek: The Original Series*, season 1, episode 26, "Errand of Mercy," aired March 23, 1967, on NBC.
4. *Star Trek: The Original Series*, season 1, episode 24, "This Side of Paradise," aired March 2, 1967, on NBC.
5. "As a percentage, how certain are you that intelligent life exists outside of Earth?," Reddit, October 31, 2017, https://www.reddit.com/r/Astronomy/comments/79up5b/as_a_percentage_how_certain_are_you_that/dp51sg2/.

6. "How confident are you that you are going to hit your 2017 sales goals? What gives you that confidence?," Quora, https://www.quora.com/How-confident-are-you-that-you-are-going-to-hit-your-2017-sales-goals-What-gives-you-that-confidence.
7. Filmfan345 (Reddituser), "How confident are you that you won't convert on your deathbed?," Reddit, February 3, 2020, https://www.reddit.com/r/atheism/comments/eycqrb/how_confident_are_you_that_you_wont_convert_on/.
8. M. Podbregar et al., "Should We Confirm Our Clinical Diagnostic Certainty by Autopsies?" *Intensive Care Medicine* 27, no. 11 (2001): 1752, doi:10.1007/s00134-001-1129-x.
9. 我不得不发挥一些主观创造性才能将斯波克的各种预测归纳为这五类。例如，第四类"有可能"的情况既包括斯波克宣称某事"有可能"的时候，也包括他预测"可能性为 82.5%"的时候。为了绘制斯波克的预测图，当他预测"根本不可能"时，我标注为 0 概率，"极不可能"标注为 10% 的概率，"不太可能"标注为 25% 的概率，"有可能"标注为 75% 的概率。总而言之，我的分类只是对斯波克校准的粗略、印象式描述，并非完全精准的曲线图。
10. Douglas W. Hubbard, *How to Measure Anything: Finding the Value of "Intangibles" in Business* (Hoboken, NJ: John Wiley & Sons, 2007), 61.
11. Robert Kurzban, *Why Everyone (Else) Is a Hypocrite* (Princeton, NJ: Princeton University Press, 2010).
12. 这个方法改编自 Douglas W. Hubbard, *How to Measure Anything: Finding the Value of "Intangibles" in Business* (Hoboken, NJ: John Wiley & Sons, Inc., 2007), 58。

第 7 章

1. Steven Callahan, *Adrift: Seventy-six Days Lost at Sea* (New York: Houghton Mifflin, 1986).

2. Callahan, *Adrift*, 84.
3. Callahan, *Adrift*, 39.
4. Callahan, *Adrift*, 45.
5. Carol Tavris and Elliot Aronson, *Mistakes Were Made (But Not by Me): Why We Justify Foolish Beliefs, Bad Decisions, and Hurtful Acts* (New York: Houghton Mifflin Harcourt, 2007), 11.
6. Daniel Kahneman, *Thinking, Fast and Slow* (New York: Farrar, Straus and Giroux, 2013), 264.
7. Darwin Correspondence Project, "Letter no. 3272," accessed on December 1, 2019, https://www.darwinproject.ac.uk/letter/DCP-LETT-3272.xml.
8. Charles Darwin, *The Autobiography of Charles Darwin* (New York: W. W. Norton & Company, 1958), 126.
9. *The Office*, season 2, episode 5, "Halloween," directed by Paul Feig, written by Greg Daniels, aired October 18, 2005, on NBC.
10. Stephen Fried, *Bitter Pills: Inside the Hazardous World of Legal Drugs* (New York: Bantam Books, 1998), 358.
11. David France, *How to Survive a Plague: The Inside Story of How Citizens and Science Tamed AIDS* (New York: Knopf Doubleday Publishing Group, 2016), 478.
12. Douglas LaBier, "Why Self-Deception Can Be Healthy for You," *Psychology Today*, February 18, 2013, https://www.psychologytoday.com/us/blog/the-new-resilience/201302/why-self-deception-can-be-healthy-you.
13. Joseph T. Hallinan, *Kidding Ourselves: The Hidden Power of Self-Deception* (New York: Crown, 2014).
14. Stephanie Bucklin, "Depressed People See the World More Realistically—And Happy People Just Might Be Slightly Delusional," *Vice*, June 22, 2017, https:// www.vice.com/en_us/article/8x9j3k/depressed-

people-see-the-world-more-realistically.

15. J. D. Brown, "Evaluations of Self and Others: Self-Enhancement Biases in Social Judgments," *Social Cognition* 4, no. 4 (1986): 353–76, http://dx.doi.org/10.1521/soco.1986.4.4.353.

16. 的确，如果人们普遍认为自己比同龄人优秀，那就证明至少有些人是在自欺欺人。毕竟，现实世界并不是"所有孩子都在平均水平以上"的乌比冈湖小镇。但也可能是这种情况：许多人，也许是大多数人，认为自己在某方面比同龄人优秀，他们对自己的评估是符合实际的，也就是说，他们确实高于平均水平。这些人自然就拉高了研究样本中观察到的幸福感和成功感指数。

17. Shelley Taylor and Jonathon Brown, "Illusion and Well-being: A Social Psychological Perspective on Mental Health," *Psychological Bulletin* 103, no. 2 (1988): 193–210, doi.org/10.1037/0033-2909.103.2.193.

18. Ruben Gur and Harold Sackeim, "Lying to Ourselves," interview by Robert Krulwich, *Radiolab*, WNYC studios, March 10, 2008, https://www.wnycstudios.org/podcasts/radiolab/segments/91618-lying-to-ourselves.

19. 这个有关自欺欺人的调查问卷可参见R. C. Gur 和 H. A. Sackeim, "Self-deception: A Concept in Search of a Phenomenon," *Journal of Personality and Social Psychology* 37 (1979): 147–69。某些畅销书，如 Robin Hanson 和 Kevin Simler 的 *The Elephant in the Brain*，以及一些流行的播客网站，如 *Radiolab*，都引用了该问卷来证明自欺欺人的效果。

第 8 章

1. 1947 年某期《读者文摘》似乎最早提到了福特的这句话，但没有提供引文出处。(*The Reader's Digest*, September 1947, 64; via Garson O'Toole, "Whether You Believe You Can Do a Thing or Not, You Are Right," Quote Investigator, February 3, 2015, https://quoteinvestigator.

com/2015/02/03/you-can/).

2. 这句引文没有找到出处。

3. Jonathan Fields, "Odds Are for Suckers," blog post, http://www.jonathan fields.com/odds-are-for-suckers/.

4. Cris Nikolov, "10 Lies You Will Hear Before You Chase Your Dreams," MotivationGrid, December 14, 2013, https://motivationgrid.com/lies-you-will-hear-pursue-dreams/.

5. Victor Ng, *The Executive Warrior: 40 Powerful Questions to Develop Mental Toughness for Career Success* (Singapore: Marshall Cavendish International, 2018).

6. Michael Macri, "9 Disciplines of Every Successful Entrepreneur," Fearless Motivation, January 21, 2018, https://www.fearlessmotivation.com/2018/01/21/9-disciplines-of-every-successful-entrepreneur/.

7. William James, "The Will to Believe," https://www.gutenberg.org/files/26659/26659-h/26659-h.htm.

8. Jeff Lunden, "Equity at 100: More Than Just a Broadway Baby," *Weekend Edition Saturday*, NPR, May 25,2013, https://www.npr.org/2013/05/25/186492136/equity-at-100-more-than-just-a-broadway-baby.

9. Shellye Archambeau, "Take Bigger Risks," interview by Reid Hoffman, *Masters of Scale*, podcast, https://mastersofscale.com/shellye-archambeau-take-bigger-risks/.

10. Norm Brodsky, "Entrepreneurs: Leash Your Optimism," *Inc.*, December 2011, https://www.inc.com/magazine/201112/norm-brodsky-on-entrepreneurs-as-perennial-optimists.html.

11. 可以认为，布罗茨基应该已经看到传真机发展对自己构成的威胁。因为过去几年，传真机销售额每年都会翻一番，参见 M. David Stone, "PC to Paper: Fax Grows Up," *PC Magazine*, April 11,1989。

12. Ben Horowitz, *The Hard Thing About Hard Things* (New York: Harper

Collins, 2014).

13. Elon Musk, "Fast Cars and Rocket Ships," interview by Scott Pelley, *60 Minutes*, aired March 30, 2014, on CBS, https://www.cbsnews.com/news/tesla-and-spacex-elon-musks-industrial-empire/.
14. Catherine Clifford, "Elon Musk Always Thought SpaceX Would 'Fail' and He'd Lose His Paypal Millions," CNBC.com, March 6, 2019, https://www.cnbc.com/2019/03/06/elon-musk-on-spacex-i-always-thought-we-would-fail.html.
15. Rory Cellan-Jones, "Tesla Chief Elon Musk Says Apple Is Making an Electric Car," BBC, January 11, 2016, https://www.bbc.com/news/technology-35280633.
16. "Fast Cars and Rocket Ships," *60 Minutes*.
17. Elon Musk and Sam Altman, "Elon Musk on How to Build the Future," *YCombinator* (blog), September 15, 2016, https://blog.ycombinator.com/elon-musk-on-how-to-build-the-future/.
18. Paul Hoynes, "'Random Variation' Helps Trevor Bauer, Cleveland Indians Beat Houston Astros," Cleveland.com, April 27, 2017, https://www.cleveland.com/tribe/2017/04/random_variation_helps_trevor.html.
19. Alex Hooper, "Trevor Bauer's Random Variation Downs Twins Again," CBS Cleveland, May 14, 2017, https://cleveland.cbslocal.com/2017/05/14/trevor-bauers-random-variation-downs-twins-again/.
20. Merritt Rohlfing, "Trevor Bauer's Homers Have Disappeared," *SB Nation* (blog), May 26, 2018, https://bit.ly/2RCg8Lb.
21. Zack Meisel, "Trevor Bauer Continues to Wonder When Lady Luck Will Befriend Him: Zack Meisel's Musings," Cleveland.com, June 2017, https://www.cleveland.com/tribe/2017/06/cleveland_indians_minnesota_tw_138.html.
22. "Amazon CEO Jeff Bezos and Brother Mark Give a Rare Interview

About Growing Up and Secrets to Success."Postedby Summit, November14, 2017. YouTube, https://www.youtube.com/watch?v=Hq89wYzOjfs.

23. Lisa Calhoun, "When Elon Musk Is Afraid, This Is How He Handles It," *Inc.*, September 20, 2016, https://www.inc.com/lisa-calhoun/elon-musk-says-he-feels-fear-strongly-then-makes-this-move.html.

24. Nate Soares, "Come to Your Terms," Minding Our Way, October 26, 2015, http://mindingourway.com/come-to-your-terms/.

第 9 章

1. "Amazon's Source," *Time*, December 27,1999.
2. "Jeff Bezos in 1999 on Amazon's Plans Before the Dotcom Crash," CNBC, https://www.youtube.com/watch?v=GltlJO56S1g.
3. Eugene Kim, "Jeff Bezos to Employees: 'One Day, Amazon Will Fail' But Our Job Is to Delay It as Long as Possible," CNBC, November 15, 2018, https:// www.cnbc.com/2018/11/15/ bezos-tells-employees-one-day-amazon-will-fail-and-to-stay-hungry.html.
4. Jason Nazar, "The 21 Principles of Persuasion," *Forbes*, March 26, 2013, https://www.forbes.com/sites/jasonnazar/2013/03/26/the-21-principles-of-persuasion/.
5. Mareo McCracken, "6 Simple Steps to Start Believing in Yourself (They'll Make You a Better Leader)," *Inc.*, February 5, 2018, https://www.inc.com/mareo-mccracken/having-trouble-believing-in-yourself-that-means-your-leadership-is-suffering.html.
6. Ian Dunt, "Remain Should Push for an Election," politics.co.uk, October 24, 2019, https://www.politics.co.uk/blogs/2019/10/24/remain-should-push-for-an-election.
7. Claude-Anne Lopez, *Mon Cher Papa: Franklin and the Ladies of Paris* (New Haven, CT: Yale University Press, 1966).

8. Benjamin Franklin, *The Autobiography of Benjamin Franklin* (New York: Henry Holt and Company, 1916), via https://www.gutenberg.org/files/20203/20203-h/20203-h.htm.
9. Franklin, *The Autobiography of Benjamin Franklin*.
10. Maunsell B. Field, *Memories of Many Men and of Some Women: Being Personal Recollections of Emperors, Kings, Queens, Princes, Presidents, Statesmen, Authors, and Artists, at Home and Abroad, During the Last Thirty Years* (London: Sampson Low, Marston, Low & Searle, 1874), 280.
11. C. Anderson et al., "A Status-Enhancement Account of Overconfidence," *Journal of Personality and Social Psychology* 103, no. 4 (2012): 718 – 35, https:// doi.org/10.1037/a0029395.
12. M. B. Walker, "The Relative Importance of Verbal and Nonverbal Cues in the Expression of Confidence," *Australian Journal of Psychology* 29, no. 1 (1977): 45 – 57, doi:10.1080/00049537708258726.
13. Brad Stone, *The Everything Store: Jeff Bezos and the Age of Amazon* (New York: Little, Brown & Company, 2013).
14. D. C. Blanch et al., "Is It Good to Express Uncertainty to a Patient? Correlates and Consequences for Medical Students in a Standardized Patient Visit," *Patient Education and Counseling* 76, no. 3 (2009): 302, doi:10.1016/j.pec.2009.06.002.
15. E. P. Parsons et al., "Reassurance Through Surveillance in the Face of Clinical Uncertainty: The Experience of Women at Risk of Familial Breast Cancer," *Health Expectations* 3, no. 4 (2000): 263 – 73, doi:10.1046/j.1369-6513.2000.00097.x.
16. "Jeff Bezos in 1999 on Amazon's Plans Before the Dotcom Crash."
17. Randall Kiser, *How Leading Lawyers Think* (London and New York: Springer, 2011), 153.
18. Matthew Leitch, "How to Be Convincing When You Are Uncertain,"

Working in Uncertainty, http://www.workinginuncertainty.co.uk/convincing.shtml.

19. Dorie Clark, "Want Venture Capital Funding? Here's How," *Forbes*, November 24, 2012, https://www.forbes.com/sites/dorieclark/2012/11/24/want-venture-capital-funding-heres-how/#39dddb331197.
20. Stone, *The Everything Store*.
21. "Jeff Bezos in 1999 on Amazon's Plans Before the Dotcom Crash."
22. "Jeff Bezos 1997 Interview," taped June 1997 at the Special Libraries (SLA) conference in Seattle, WA. Video via Richard Wiggans, https://www.youtube.com/watch?v=rWRbTnE1PEM.
23. Dan Richman, "Why This Early Amazon Investor Bet on Jeff Bezos' Vision, and How the Tech Giant Created Its 'Flywheel,'" *Geekwire*, January 3, 2017, https:// www.geekwire.com/2017/early-amazon-investor-bet-jeff-bezos-vision-tech-giant-created-flywheel/.

第10章

1. Philip E. Tetlock 和 Dan Gardner, *Superforecasting: The Art and Science of Prediction* (New York: Crown, 2015), 4.
2. 他们还以30%~70%的巨大优势击败了其大学竞争对手，包括密歇根大学和麻省理工学院，甚至超过能够获得机密数据的专业情报分析师。两年后，他们的表现比其学术竞争对手好得多，IARPA因此放弃了其他团队，引自Tetlock 和 Gardner, *Superforecasting*, 17–18。
3. Jerry Taylor, "A Paid Climate Skeptic Switches Sides," interview by Indre Viskontas and Stevie Lepp, *Reckonings*, October 31, 2017, http://www.reckonings.show/episodes/17.
4. Philip E. Tetlock, *Expert Political Judgment: How Good Is It? How Can We Know?* (Princeton, NJ: Princeton University Press, 2017), 132.
5. Tetlock 和 Gardner, *Superforecasting*.
6. 这里采用布里尔分数来测量误差。超级预言家在一年中的布里尔分数斜率（联赛第二年和第三年的平均值）为 -0.26。普通预测者的数值为 0。（参见 Mellers 等，"Identifying and Cultivating Superforecasters as a Method of Improving Probabilistic Predictions,"*Perspectives on Psychological Science* 10, no. 3 [2015]: 270, table 1, doi:10.1177/1 745691 615577794。) Mellers 等人将布里尔分数定义为："预测与现实（如果事件真实发生则值为 1，否则为 0）之间的离差平方和，范围从 0（最佳）到 2（最差）。假设一个问题有两种可能的结果，预测者预测结果发生的概率为 0.75，未发生的概率是 0.25，那么布里尔分数为（1-0.75)2+(0- 0.25)2=0.125。"("Identifying and Cultivating Superforecasters", 269.)

7. Bethany Brookshire, "I went viral*. I was wrong," BethanyBrookshire.com (blog), January 29, 2018, https://bethanybrookshire.com/i-went-viral-i-was-wrong/.

8. Scott Alexander, "Preschool: I was wrong," Slate Star Codex, November 6, 2018, https://slatestarcodex.com/2018/11/06/preschool-i-was-wrong/.

9. Buck Shlegeris, "'Other people are wrong' vs 'I am right,'" Shlegeris.com (blog), http://shlegeris.com/2019/02/22/wrong.

10. Devon Zuegel, "What Is This thing?" DevonZuegel.com (blog), https://devonzuegel.com/page/what-is-this-thing.

11. Dylan Matthews, "This Is the Best News for America's Animals in Decades. It's About Baby Chickens," *Vox*, June 9,2016, https://www.vox.com/2016/6/9/11896096/eqqs-chick-culling-ended.

第 11 章

1. Earl Warren, National Defense Migration Hearings: Part 29, San Francisco Hearings, February 1942, https://archive.org/details/nationaldefense m29unit.

2. Charles Darwin, letter to Asa Gray, April 3,1860, https://www.

darwinproject.ac.uk/letter/DCP-LETT-2743.xml.
3. Charles Darwin, *The Autobiography of Charles Darwin* (New York: W. W. Norton & Company, 1958), 141.
4. *Star Trek: The Original Series,* season 1, episode 16, "The Galileo Seven," aired January 5, 1967, on NBC.
5. Philip E. Tetlock. *Expert Political Judgment: How Good Is It? How Can We Know?* (Princeton, NJ: Princeton University Press, 2017), 134.
6. Bruce Bueno de Mesquita, *The War Trap* (New Haven, CT: Yale University Press, 1983).
7. Deepak Malhotra and Max H. Bazerman, *Negotiation Genius: How to Overcome Obstacles and Achieve Brilliant Results at the Bargaining Table and Beyond* (New York: Bantam Books, 2008), 261.
8. Christopher Voss, *Never Split the Difference: Negotiating as if Your Life Depended on It* (New York: HarperCollins, 2016), 232.
9. 本节中的所有历史细节，包括委员会调查和伦敦顺势疗法医院，均来自 Michael Emmans Dean, "Selective Suppression by the Medical Establishment of Unwelcome Research Findings: The Cholera Treatment Evaluation by the General Board of Health, London 1854," *Journal of the Royal Society of Medicine* 109, no. 5 (2016): 200–205, doi:10.1177/0141076816645057。
10. Comment by u/ donnorama, "Whoops," June 18, 2018, https:// www.reddit.com/ r/ antiMLM/ comments/ 8s1uua/ whoops/.
11. Gary A. Klein, *Sources of Power: How People Make Decisions* (Cambridge: MIT Press, 2017), 276.
12. M. S. Cohen, J. T., Freeman, and B. Thompson, "Critical Thinking Skills in Tactical Decision Making: A Model and a Training Strategy," in *Making Decisions Under Stress: Implications for Individual and Team Training*, eds. J. A. Cannon-Bowers and E. Salas (Washington, DC: American Psychological Association, 1998), 155–89,https://doi.

org/10.1037/10278-006.
13. Sophia Lee,"Hindsight and Hope," *World*, January 28,2018, https://world.wng.org/2018/01/hindsight_and_hope.

第12章

1. Rachael Previti,"I Watched Only Fox News for a Week and This Is What I 'Learned,'" *Tough to Tame*, May 18, 2019, https://www.toughtotame.org/i-watched-only-fox-news-for-a-week-and-heres-what-i-learned.
2. Ron French,"A Conservative and Two Liberals Swapped News Feeds. It Didn't End Well," *Bridge Magazine*, April 6,2017, https://www.bridgemi.com/quality-life/conservative-and-two-liberals-swapped-news-feeds-it-didnt-end-well.
3. Christopher A. Bail et al.,"Exposure to Opposing Views on Social Media Can Increase Political Polarization," *Proceedings of the National Academy of Sciences* 115, no. 37 (2018): 9216–21, doi:10.1073/pnas.1804840115.
4. "Discuss Gender Equality," Reddit, https://www.reddit.com/r/FeMRADebates/.
5. proud_slut (Reddit user), comment on "In Defense of Feelings and a Challenge for the MRAs", Reddit, January 19, 2015, https://www.reddit.com/r/ FeMRADebates/comments/2sxlbk/in_defense_of_feelings_and_a_challenge_for_the/cntu4rq/.
6. proud_slut (Reddit user), comment on "You Don't Hate Feminism, You Just Don't Understand It", Reddit, July 24, 2014, https://www.reddit.com/r/FeMRADebates/comments/2bmtro/you_dont_hate_feminism_you_just_ dont_understand_it/cj6z5er/.
7. avantvernacular (Reddit user), comment on "Who has positively changed your view of a group from the opposite side on this sub?",

Reddit, May 29, 2014, https://www.reddit.com/r/FeMRADebates/comments/26t0ic/who_has_positively_changed_your_view_of_a_group/chubl5t/.

8. proud_slut (Reddit user), comment on "I'm leaving", Reddit, August 7, 2014, https://www.reddit.com/r/FeMRADebates/comments/2cx56b/im_leaving/.

9. Jerry Taylor, "A Paid Climate Skeptic Switches Sides," interview by Indre Viskontas and Stevie Lepp, *Reckonings*, October 31, 2017, http://www.reckonings.show/episodes/17.

10. Jerry Taylor, "Episode 3: A Professional Climate Denier Changes His Mind," interview by Quin Emmett and Brian Colbert Kennedy, *Important Not Important*, podcast, https://www.importantnotimportant.com/episode-3-jerry-taylor-transcript.

11. Doris Kearns Goodwin, *Team of Rivals: The Political Genius of Abraham Lincoln* (New York: Simon & Schuster, 2005).

12. Cass R. Sunstein, *Going to Extremes: How Like Minds Unite and Divide* (Oxford: Oxford University Press, 2009), 29.

13. *Bill Moyers Journal*, aired February 1, 2008, on PBS, http://www.pbs.org/moyers/journal/02012008/transcript1.html.

14. "Lincoln put him in the Cabinet and then seems to have ignored him," in T. Harry Williams, "Review of Lincoln's Attorney General: Edward Bates of Missouri," *Civil War History* 12, no. 1 (1966): 76, Project MUSE, doi:10.1353/cwh.1966.0034.

15. Brian McGinty, *Lincoln and the Court* (Cambridge: Harvard University Press, 2008), 228.

16. Scott Alexander, "Talking Snakes: A Cautionary Tale," Less Wrong, March 12, 2009, https://www.lesswrong.com/posts/atcJqdhCxTZiJSxo2/talking-snakes-a-cautionary-tale.

17. Sarah McCammon, "Evangelical Writer Kisses an Old Idea Goodbye,"

NPR News, December 17, 2018, https://www.npr.org/transcripts/671888011.

第 13 章

1. Courtney Jung, *Lactivism: How Feminists and Fundamentalists, Hippies and Yuppies, and Physicians and Politicians Made Breastfeeding Big Business and Bad Policy* (New York: Basic Books, 2015), 19.
2. Kerry Reals, "Jamie Oliver, I Branded Myself a Failure Because of Pro-Breastfeeding Propaganda. Think Before You Speak," *The Independent*, March 20, 2016, https://www.independent.co.uk/voices/jamie-oliver-i-branded-myself-a-failure-because-of-pro-breastfeeding-propaganda-think-before-you-a6942716.html.
3. Glosswitch, "Our Regressive, Insensitive, and Cultish Attitudes Toward Breastfeeding," *New Statesman*, February 11, 2013, https://www.newstatesman.com/lifestyle/2013/02/our-regressive-insensitive-and-cultish-attitude-breast feeding.
4. Adriana1987, "Breastfeeding Propaganda," BabyCentre, March 7, 2017, https://community.babycentre.co.uk/post/a30582443/breastfeeding_propaganda.
5. Eco Child's Play, "The Preemptive Strike on Breastfeeding," March 18, 2009, https://ecochildsplay.com/2009/03/18/the-preemptive-strike-on-breast feeding.
6. Junq, *Lactivism*, 50.
7. "Breastfeeding vs. Bottle Debate Gets Ugly," ABC News, August 21, 2001, https://abcnews.go.com/GMA/story?id=128743&page=1.
8. Lauren Lewis, "Dear 'Fed Is Best' Campaigners, Parents, and Internet Trolls," *Breastfeeding World* (blog), April 14, 2017, http://breastfeedingworld.org/2017/04/fed-up-with-fed-is-best/.
9. Justin McCarthy, "Less Than Half in U.S. Would Vote for a Socialist for

President," Gallup, May 9,2019, https://news.gallup.com/poll/254120/less-half-vote-socialist-president.aspx.

10. J. Paul Nyquist, *Prepare: Living Your Faith in an Increasingly Hostile Culture* (Chicago: Moody Publishers, 2015).

11. Haley Swenson, "Breastfeed or Don't. You Do You," *Slate*, April 30, 2018, https://slate.com/human-interest/2018/04/why-simply-giving-distressed-friends-permission-to-quit-breastfeeding-was-a-total-cop-out.html.

12. Stephanie Fairyington, "It's Time for Feminists to Stop Arguing About Breastfeeding and Fight for Better Formula," *The Observer*, September 1, 2012, https://observer.com/2012/09/time-for-feminists-to-stop-arguing-about-breastfeeding-and-fight-for-better-formula/.

13. Catskill Animal Sanctuary, "Optimism Is a Conscious Choice," https://casanctuary.org/optimism-is-a-conscious-choice/.

14. Morgan Housel, "Why Does Pessimism Sound So Smart?," *The Motley Fool*, January 21, 2016, https://www.fool.com/investing/general/2016/01/21/why-does-pessimism-sound-so-smart.aspx.

15. Eli Heina Dadabhoy, "Why Are Those Polyamorists So Damn Preachy?," Heinous Dealings (blog), *The Orbit*, September 23, 2015, https://the-orbit.net/heinous/2015/09/23/poly-preachy/.

16. P. R. Freeman and A. O'Hagan, "Thomas Bayes's Army [The Battle Hymn of Las Fuentes]," in *The Bayesian Songbook*, ed. Bradley P. Carlin (2006), 37, https://mafiadoc.com/the-bayesian-songbook-university-of-minnesota_5a0ccb291723ddeab4f385aa.html.

17. "Breathing Some Fresh Air Outside of the Bayesian Church," *The Bayesian Kitchen* (blog), http://bayesiancook.blogspot.com/2013/12/breathing-some-fresh-air-outside-of.html.

18. Sharon Bertsch McGrayne, "The Theory That Will Never Die," talk given at Bayes 250 Day, republished on Statistics Views, February 17, 2014,

https://www.statisticsviews.com/details/feature/5859221/The-Theory-That-Will-Never-Die.html.

19. Deborah Mayo, "Frequentists in Exile," *Error Statistics Philosophy* (blog), https://errorstatistics.com/about-2/.
20. Randall Munroe, "Frequentists vs. Bayesians," *XKCD* #1132, https://xkcd.com/1132.
21. Phil, comment on Andrew Gelman, "I Don't Like This Cartoon," *Statistical Modeling, Causal Inference, and Social Science* (blog), November 10, 2012, https://statmodeling.stat.columbia.edu/2012/11/10/16808/#comment 109309.
22. Comment on "This is what makes science so damn wonderful," I Fucking Love Science (group), https://www.facebook.com/IFuckingLoveScience/posts/2804651909555802?comment_id=2804656062888720&reply_comment_id=2804664182887908.
23. Amy Sullivan, "The Unapologetic Case for Formula-Feeding," *New Republic*, July 31, 2012, https://newrepublic.com/article/105638/amy-sullivan-unapologetic-case-formula-feeding.
24. Suzanne Barston, *Fearless Formula Feeder*, http://www.fearlessformulafeeder.com/.
25. Megan McArdle, "How to Win Friends and Influence Refugee Policy," *Bloomberg* Opinion, November 20, 2015, https://www.bloomberg.com/opinion/articles/2015-11-20/sixbadarguments-for-u-s-to-take-in-syrian-refugees.
26. Stephanie Lee Demetreon, "You Aren't a Feminist If...," *Odyssey*, April 3, 2017, https://www.theodysseyonline.com/youre-not-really-feminist.
27. DoubleX Staff, "Let Me Tell You What the Word Means," *Slate*, October 7, 2010, https://slate.com/human-interest/2010/10/let-me-tell-you-what-the-word-means.html.

28. Kris Wilson, *Cyanide and Happiness* #3557, May 14, 2014, http://explosm.net/comics/3557/.
29. saratiara2, post #9 on "Anyone CFBC and Change Their Mind?," WeddingBee, March 2014, https://boards.weddingbee.com/topic/anyone-cfbc-and-change-their-mind/.
30. Jung, *Lactivism*, Chapter 7.

第14章

1. Paul Graham, "Keep Your Identity Small," blog post, February 2009, http://www.paulgraham.com/identity.html.
2. Lindy West, "My Ten Favorite Kinds of Right-Wing Temper Tantrums," *Jezebel*, November 8, 2012, https://jezebel.com/my-ten-favorite-kinds-of-right-wing-temper-tantrums-5958966.
3. Jeffrey J. Volle, *The Political Legacies of Barry Goldwater and George McGovern: Shifting Party Paradigms* (New York: Palgrave Macmillan, 2010), 8.
4. Godfrey Sperling, "Goldwater's Nonpartisan Brand of Honesty," *Christian Science Monitor*, June 9,1998, https://www.csmonitor.com/1998/0609/060998.opin.column.1.html.
5. Peter Grier, "Richard Nixon's Resignation: The Day Before, a Moment of Truth," *Christian Science Monitor*, August 7, 2014, https://www.csmonitor.com/USA/Politics/Decoder/2014/0807/Richard-Nixon-s-resignation-the-day-before-a-moment-of-truth.
6. Godfrey Sperling, "Goldwater's Nonpartisan Brand of Honesty," *Christian Science Monitor*, June 9, 1998, https://www.csmonitor.com/1998/0609/060998.opin.column.1.html.
7. Bart Barnes, "Barry Goldwater, GOP Hero, Dies," *Washington Post*, May 30, 1998, https://www.washingtonpost.com/wp-srv/politics/daily/may98/goldwater30.htm.

8. Lloyd Grove, "Barry Goldwater's Left Turn," *Washington Post*, July 28, 1994, https:// www.washingtonpost.com/ wp-srv/politics/daily/ may 98/gold water072894.htm.
9. Timothy Egan, "Goldwater Defending Clinton; Conservatives Feeling Faint," *New York Times*, March 24, 1994, https://nyti.ms/2F7vznS.
10. Egan, "Goldwater Defending Clinton."
11. Bryan Caplan, "The Ideological Turing Test," *Library of Economics and Liberty*, June 20, 2011, https://www.econlib.org/archives/2011/06/the_ideological.html.
12. Erin K. L. G., "In Which I Tell Conservatives I Understand Them Because I Used to Be One," *Offbeat Home & Life*, January 14, 2019, https://offbeathome.com/i-used-to-be-conservative/.
13. Chez Pazienza, "Kristin Cavallari Is a Sh*tty Parent Because She Refuses to Vaccinate Her Kids," *Daily Banter*, March 14, 2014, https://thedailybanter.com/2014/03/kristin-cavallari-is-a-shtty-parent-because-she-refuses-to-vaccinate-her-kids/.
14. Ben Cohen, "A Quick Guide to Vaccines for Morons and Celebrities," *Daily Banter*, March 18, 2014, https://thedailybanter.com/2014/03/a-quick-guide-to-vaccines-for-morons-and-celebrities/.
15. Megan McArdle, "How to Win Friends and Influence Refugee Policy," *Bloomberg*, November 20, 2015, https://www.bloomberg.com/opinion/articles/2015-11-20/six-bad-arguments-for-u-s-to-take-in-syrian-refugees.
16. Adam Mongrain, "I Thought All Anti-Vaxxers Were Idiots. Then I Married One," *Vox*, September 4, 2015, https://www.vox.com/2015/9/4/9252489/anti-vaxx-wife.
17. Julia Belluz, "How Anti-Vaxxers Have Scared the Media Away from Covering Vaccine Side Effects," *Vox*, July 27, 2015, https://www.vox.com/2015/7/27/0017810/H1N1-pandemic-narcolepsy-Pandemrix

18. David Barr, "The Boston AIDS Conference That Never Was—And Other Grim Tales," Treatment Action Group, January/February 2003, http://www.treatmentactiongroup.org/tagline/2003/january-february/necessary-diversions.
19. David France, *How to Survive a Plague: The Inside Story of How Citizens and Science Tamed AIDS* (New York: Knopf Doubleday Publishing Group, 2016), 355–56.
20. Mark Harrington, interview by Sarah Schulman, *ActUp Oral History Project*, March 8,2003, 46, http://www.actuporalhistory.org/interviews/images/harrington.pdf.
21. Steven Epstein, *Impure Science: AIDS, Activism, and the Politics of Knowledge*(Berkeley, CA: University of California Press, 1996).
22. France, *How to Survive a Plague*, 507.

第15章

1. Susan Blackmore, "Why I Had to Change My Mind," in *Psychology: The Science of Mind and Behaviour*, 6th ed., by Richard Gross (London: Hodder Education, 2010), 86–87. Earlier draft via https://www.susanblackmore.uk/chapters/why-i-had-to-change-my-mind/.
2. Ruth Graham, "Hello Goodbye," *Slate*, August 23, 2016, https://slate.com/human-interest/2016/08/i-kissed-dating-goodbye-author-is-maybe-kind-of-sorry.html.
3. Josh Harris, "3 Reasons I'm Reevaluating *I Kissed Dating Goodbye*," True LoveDates.com, August 1,2017, https://truelovedates.com/3-reasons-im-reev aluating-i-kissed-dating-goodbye-by-joshua-harris/.
4. Jerry Taylor, "A Paid Climate Skeptic Switches Sides," interview by Indre Viskontas and Stevie Lepp, *Reckonings*, October 31, 2017, http://www.reckon ings.show/episodes/17.
5. Josh Harris, "A Statement on I Kissed Dating Goodbye," blog post,

https:// joshharris.com/statement/.
6. Holden Karnofsky, "Three Key Issues I've Changed My Mind About," Open Philanthropy Project (blog), September 6, 2016, https://www.openphilanthropy.org/blog/three-key-issues-ive-changed-my-mind-about.
7. Ben Kuhn, "A Critique of Effective Altruism," *Less Wrong* (blog), December 2, 2013, https://www.lesswrong.com/posts/E3beR7bQ723kkNHpA/a-critique-of-effective-altruism.
8. VitalikButerin (@vitalikButerin), on Twitter, June 21,2017, https://twitter.com/VitalikButerin/status/877690786971754496.
9. vbuterin (Reddit user), comment on "We Need to Think of Ways to Increase ETH Adoption", Reddit, April 21, 2016, https://www.reddit.com/r/ethtrader/comments/4fql5n/we_need_to_think_of_ways_to_increase_eth_adoption/d2bh4xz/.
10. vbuterin (Reddit user), comment on "Vitalik drops the mic on r/btc", Reddit, July 5, 2017, https://www.reddit.com/r/ethtrader/comments/6lgf0l/vitalik_drops_the_mic_on_rbtc/dju1y8q/.
11. phileconomicus (Reddit user), comment on "CMV: Mass shootings are a poor justification for gun control", Reddit, August 7, 2019, https://www.reddit.com/r/changemyview/comments/cn7td1/cmv_mass_shootings_are_a_poor_justification_for/ew8b47n/?context=3.
12. pixeldigits (Reddit user), comment on "CMV: Companies having my personal data is not a big deal", Reddit, September 7, 2018, https://www.reddit.com/r/changemyview/comments/9dxxra/cmv_companies_having_my_personal_data_is_not_a/e6mkdvl/.
13. shivux (Reddit user), comment on "CMV: The U.S. is doing nothing wrong by detaining and deporting illegal immigrants", Reddit, July 24, 2019, https:// www.reddit.com/r/changemyview/comments/ch7s90/cmv_the_ us_ is_doing_nothing_wrong_by_detaining/eus4tj3/.

14. Luke Muehlhauser, "I apologize for my 'Sexy Scientists' post," Common Sense Atheism, July 22, 2010, http://commonsenseatheism. com/?p=10389.
15. Julian Sanchez, "Nozick," blog post, January 24, 2003, http://www.juliansan chez.com/2003/01/24/nozick/.
16. Steven Callahan, *Adrift* (New York: Houghton Mifflin, 1986), loc. 563 of 2977, Kindle.
17. Richard Dawkins, *The God Delusion* (New York: Houghton Mifflin Harcourt, 2006), 320.

附录 A

1. *Star Trek: The Original Series*, season 1, episode 8, "Miri," aired October 27, 1966, on NBC.
2. *Star Trek: The Original Series*, season 1, episode 14, "Balance of Terror," aired December 15, 1966, on NBC.
3. *Star Trek:The Original Series*, season1, episode 16, "The Galileo Seven," aired January 5, 1967, on NBC.
4. *Star Trek: The Original Series*, "The Galileo Seven."
5. *Star Trek: The Original Series*, season 1, episode 20, "Court Martial," aired February 2, 1967, on NBC.
6. *Star Trek: The Original Series*, season 1, episode 24, "This Side of Paradise," aired March 2, 1967, on NBC.
7. *Star Trek: The Original Series*, "This Side of Paradise."
8. *Star Trek: The Original Series*, season 1, episode 25, "The Devil in the Dark," aired March 9, 1967, on NBC.
9. *Star Trek: The Original Series*, season 1, episode 26, "Errand of Mercy," aired March 23, 1967, on NBC.
10. *Star Trek: The Original Series*, "Errand of Mercy."
11. *Star Trek: The Original Series*, season 2, episode 6, "The Doomsday

Machine," aired October 20, 1967, on NBC.
12. *Star Trek: The Original Series*, season 2, episode 11, "Friday's Child," aired December 1, 1967, on NBC.
13. *Star Trek: The Original Series*, season 2, episode 16, "The Gamesters of Triskelion," aired January 5, 1968, on NBC.
14. *Star Trek: The Original Series*, season 2, episode 18, "The Immunity Syndrome," aired January 19, 1968, on NBC.
15. *Star Trek: The Original Series*, season 2, episode 22, "By Any Other Name," aired February 23, 1968, on NBC.
16. *Star Trek: The Original Series*, season 3, episode 3, "The Paradise Syndrome," aired October 4, 1968, on NBC.
17. *Star Trek: The Animated Series*, season 1, episode 1, "Beyond the Furthest Star," aired September 8, 1973, on NBC.
18. *Star Trek: The Animated Series*, season 1, episode 4, "The Lorelei Signal," aired September 29, 1973, on NBC.
19. *Star Trek: The Animated Series*, season 1, episode 10, "Mudd's Passion," aired November 10, 1973, on NBC.
20. *Star Trek: The Animated Series*, season 1, episode 16, "The Jihad," aired January 12, 1974, on NBC.
21. *Star Trek: The Animated Series*, "The Jihad."
22. *Star Trek: The Animated Series*, season 2, episode 3, "The Practical Joker," aired September 21, 1974, on NBC.
23. *Star Trek Beyond*, directed by Justin Lin (Hollywood, CA: Paramount Pictures, 2016).